O PEQUENO LIVRO DOS ALIENS

O PEQUENO LIVRO DOS ALIENS

ADAM FRANK

Tradução
Fábio Bonillo

Revisão técnica
Schwarza

Planeta

Título original: *The Little Book of Aliens*

Preparação: Leandro Ranieri
Revisão: Ligia Alves e Valquíria Matiolli
Diagramação: Negrito Produção Editorial
Design de capa: Milan Bozic
Imagem de capa: © Getty Images; © Shutterstock
Adaptação de capa: Sandra Fava

Dados Internacionais de Catalogação na Publicação (CIP)
Angélica Ilacqua CRB-8/7057

Frank, Adam
O pequeno livro dos aliens / Adam Frank ; tradução de Fábio Bonillo. – São Paulo : Planeta do Brasil, 2025.
224 p.

ISBN 978-85-422-3920-1
Título original: The Little Book of Aliens

1. Vida em outros planetas 2. Ciência 3. Astrofísica 4. Obras populares I. Título II. Bonillo, Fábio

25-4519 CDD 576.839

Índice para catálogo sistemático:
1. Vida em outros planetas

MISTO
Papel | Apoiando o manejo florestal responsável
FSC® C112738

Ao escolher este livro, você está apoiando o manejo responsável das florestas do mundo

2025
Todos os direitos desta edição reservados à
Editora Planeta do Brasil Ltda.
Rua Bela Cintra, 986, 4º andar – Consolação
São Paulo-SP – CEP 01415-002
www.planetadelivros.com.br
faleconosco@editoraplaneta.com.br

Acreditamos nos livros

Este livro foi composto em Adobe Garamond Pro e impresso pela Lis Gráfica para a Editora Planeta do Brasil em outubro de 2025.

Para o professor Bruce Balick.

Sempre digo aos alunos novos que escolher um bom orientador de doutorado é a decisão mais importante que eles terão que tomar na pós-graduação. Digo isso por ter tido muita sorte de te encontrar. Obrigado por ser o exemplo vivo do que uma carreira na ciência deve ser: criativa, bondosa, alegre e exata.

SUMÁRIO

INTRODUÇÃO

Todo mundo ama aliens. Sei disso porque todo mundo me diz que ama aliens. A vida no universo é a primeira coisa sobre a qual me perguntam quando ficam sabendo que sou astrofísico. "Os aliens existem?" é uma daquelas perguntas especiais como "O que acontece após a morte?". Sobre ela há opiniões demais, nenhuma resposta de verdade e, acima de tudo, sabemos que responder isso mudaria o mundo.

Acontece que eu também amo aliens. Na verdade, sou obcecado por eles desde criança. O vício começou aos cinco anos, quando descobri as revistas de ficção científica do meu pai. Na capa de todas as edições, havia imagens de espaçonaves, luas áridas e monstros de olhos esbugalhados. Daquele momento em diante, embarquei numa missão para aprender tudo o que pudesse sobre as estrelas e a vida alienígena. Essa obsessão me transformou numa criança bastante irritante (parece que eu gostava de calcular a velocidade da luz com até quatro casas decimais), mas também me levou a assistir a todos os documentários, filmes de ficção científica ruins e reprises de *Star Trek* possíveis. Qualquer representação de aliens me bastava, já que eu sonhava com possibilidades no espaço sideral prontas para serem descobertas.

Nos anos 1970, no ápice da minha obsessão infantil, a busca científica por vida no cosmos mal tinha começado. Havia só uns poucos pioneiros de grande coragem e determinação tocando a "busca por inteligência extraterreste" (SETI, na sigla em inglês), e a maioria deles era vista com desprezo pelos colegas. A SETI era considerada um exagero, à margem da comunidade científica, para dizer o mínimo. Boa parte desse desprezo era mero preconceito. Simplesmente não havia na época muitos astrônomos que pensassem o problema da vida no contexto cósmico. E é verdade: de fato não tínhamos muito conhecimento para poder promover uma verdadeira busca científica por vida entre as estrelas, fosse ela inteligente ou não.

Acima de tudo, não sabíamos se havia mais planetas na galáxia além dos oito que orbitam o nosso Sol. Isso era uma limitação, já que, para os cientistas, os planetas são necessários para originar até mesmo vidas simples. Então, sem ter nenhum exemplo de um planeta extrassolar (um exoplaneta), literalmente não sabíamos onde procurar. Também não tínhamos muito conhecimento de como os planetas e a vida evoluem em conjunto de modo a tornar um mundo habitável por bilhões de anos, tempo o bastante para que surjam animais "superiores" e mesmo civilizações tecnológicas. Resumindo, quando se tratava de buscar vida alienígena no universo, estávamos praticamente no escuro.

Não estamos mais.

Enquanto você lê estas palavras, a espécie humana está para se lançar em sua mais grandiosa e importante jornada. Ao longo das últimas três décadas, a busca científica por vida no universo — um campo chamado de *Astrobiologia* — explodiu. Descobrimos planetas em *toda parte* da galáxia, e compreendemos como e onde procurar por sinais de vida alienígena na atmosfera desses novos mundos. Também nos aprofundamos na história de quase 4 bilhões de anos da Terra como um mundo habitado. Com essa perspectiva, ganhamos novos e poderosos vislumbres de como os planetas e a vida evoluem em conjunto. Ver como a vida tirou vantagem da evolução da Terra ao longo de eras forneceu-nos pistas sobre o que procurar em planetas distantes (por exemplo, oxigênio, que em geral só pode existir numa atmosfera quando uma vida o põe lá). Também enviamos emissários robôs para cada planeta de nosso sistema solar. Com suas rodas ou trens de pouso no solo, começamos a procurar provas de existência de vida nesses mundos vizinhos, ou talvez vestígios dela em seu passado.

Mais importante, nós lançamos e estamos construindo telescópios absurdamente potentes, de última geração. Com essas ferramentas, finalmente faremos mais do que apenas contar uns para os outros as *opiniões* que temos sobre a vida no universo. Pelo contrário, obteremos o que mais importa: uma visão verdadeiramente científica sobre se, onde e quando a vida extraterrestre existe.

Todas essas novas descobertas, dos exoplanetas à história profunda da Terra, estão transformando o que pensamos sobre a SETI. Surge então um novo campo de pesquisa, que os cientistas chamam de *tecnoassinatura*,* que engloba os esforços "clássicos" da SETI ao mesmo tempo que conduz a busca por vida inteligente a novas formas e direções. Saber que a galáxia está repleta de planetas significa que sabemos exatamente onde e como procurar civilizações alienígenas. Em vez de ficar torcendo para que alguma delas acenda um farol anunciando sua presença (uma das premissas da primeira geração da SETI), agora podemos olhar diretamente para os planetas onde essas civilizações podem justamente estar "levando suas vidas". Ao procurar por assinaturas das atividades cotidianas de uma sociedade alienígena (uma tecnoassinatura), estamos construindo novos kits de ferramentas para buscar vida inteligente capaz de criar civilizações. Essas ferramentas também vão nos permitir encontrar o tipo de vida que *não* cria civilizações. Usar nossos telescópios para achar a assinatura de um planeta coberto de microrganismos ou florestas alienígenas (uma bioassinatura) também será algo que abalará a maneira como a humanidade vê a posição que ocupa no cosmos.

Então agora, finalmente, estamos no caminho da descoberta dos aliens que me obcecavam quando criança. Ou estamos no caminho da descoberta de que estamos realmente sós em todo o cosmos. Qualquer uma dessas respostas seria surpreendente. É, sem dúvida, um momento animador.

Mas também é um momento confuso. Assim como a busca científica por vida alienígena está ganhando ímpeto, tem havido uma

---

* Alguns cientistas ainda usam a siga SETI para referir-se ao campo, e está tudo bem. No entanto, para mim e muitos outros, o termo "tecnoassinaturas" capta corretamente tudo o que vem mudando no estudo da vida "avançada" no universo.

explosão de interesse nos aliens que supostamente estariam visitando a Terra neste exato momento. Ao longo dos últimos anos, um punhado de vídeos feitos por pilotos americanos pipocou na internet mostrando bolhas obscuras que aparentemente flutuavam de maneira impossível para uma aeronave normal. Os vídeos projetaram os holofotes sobre os fenômenos aéreos não identificados [UAPs, na sigla em inglês de *unidentified aerial phenomena*], elevando as apostas nas discussões sobre aliens. No entanto, o furor dos UAPs também confunde a questão sobre o salto gigante que a ciência está dando ao começar a busca por aliens nos lugares mais prováveis (ou seja, planetas alienígenas).

"UAPs" é o novo nome que o governo dos Estados Unidos deu aos objetos voadores não identificados [UFOs, na sigla em inglês *unidentified flying objects*],* assunto que circula por aí faz um bom tempo, exercendo fascínio na cultura moderna. A noção de que os UFOs são visitantes alienígenas tem produzido boa ficção científica (de *Arquivo X* a *Independence Day* a *Não! Não olhe!*). A possibilidade de que realmente existam foi quase de todo descartada pelos cientistas. A esmagadora maioria dos astrônomos vê os UFOs como fenômenos naturais identificados equivocadamente, objetos relacionados à defesa nacional ou meros boatos deliberados. No entanto, em 2021, o governo dos Estados Unidos revelou a existência de mais de cem UFOs avistados para os quais não havia explicação satisfatória. O furacão midiático em torno dos vídeos de UAPs foi implacável, mesmo com a maioria dos cientistas enfatizando que "inexplicado" quer dizer apenas que não há dados suficientes, ou dados de qualidade, para começar a formular uma explicação. Mesmo assim, na esteira do novo interesse governamental, fiquei me perguntando: "Será que essas coisas realmente têm a ver com aliens?".

Entre o notável avanço da Astrobiologia e das tecnoassinaturas, de um lado, e a tempestade da cobertura dos UAPs, de outro, os aliens rendem notícia. Mais do que nunca, queremos saber: tem alguém lá fora? Escrevi este livro para ajudar as pessoas a entender essa pergunta tal como os cientistas a veem, a conhecer as respostas

* No Brasil, é usado tanto o termo UFO quanto óvni. (N.R.T.)

definitivas que os cientistas estão procurando descobrir e, o mais incrível de tudo, a saber quão perto estamos de conseguir algumas dessas respostas.

Por boa parte da minha carreira como astrofísico, estudei coisas menos piradas. Na Universidade de Rochester, dirigi um grupo de pesquisa de "Astrofísica computacional", em que meus alunos e eu usávamos os computadores mais potentes do mundo para investigar como as estrelas se formam a partir de nuvens gigantes de gases interestelares e como elas morrem ao despedaçar-se em titânicas tempestades estelares. Esses projetos eram muito legais, e eu adorava os insights que me proporcionavam. Mas nunca perdi meu interesse de criança na vida no cosmos. Então, há mais ou menos uma década, comecei um programa de pesquisa em Astrobiologia, trabalhando com exoplanetas e suas atmosferas. Depois, passei a pensar a mudança climática da perspectiva da Astrobiologia, sob a hipótese de que talvez toda civilização desencadeie sua própria versão de aquecimento global.

No entanto, minha vida realmente mudou em 2019, quando um grupo de colegas e eu fomos agraciados com a primeira bolsa da Nasa para estudar tecnoassinaturas de exoplanetas. Isso significa que a Nasa passou a nos subsidiar para que pensássemos nas melhores maneiras de procurar civilizações alienígenas. Nos candidatamos para a bolsa porque, em jantares (regados a muita cerveja) e em encontros internacionais, ficamos empolgados demais (culpa da cerveja) com aquelas descobertas de exoplanetas e a maneira como poderiam reacender a busca por vida inteligente. Mas a Nasa nunca tinha financiado um projeto como aquele que tínhamos em mente. Na verdade, após muitos anos sendo detonada pelo Congresso americano por custear pesquisas da SETI — na opinião dos congressistas, um desperdício de dinheiro do contribuinte —, a agência espacial americana mal tinha financiado qualquer trabalho sobre a vida inteligente no cosmos.

Portanto, quando apresentamos a proposta, nossa expectativa era das mais baixas. Mas, para nossa surpresa, incredulidade e alegria (e mais cerveja), ela foi aceita. A fronteira estava aberta. Tínhamos ganhado uma chance de ajudar a moldar a missão mais empolgante que a humanidade já tomou para si. Foi um divisor de águas no campo de estudos e um reconhecimento do quanto havia mudado o pensamento científico sobre a vida no universo. Desde então, nós e outros pesquisadores vínhamos testando novos terrenos. Estamos todos nos preparando para uma busca verdadeiramente sistemática e científica por vida e civilizações alienígenas. Essa busca está *apenas começando*.

É desse ponto de vista privilegiado que vejo, e lá no fundo entendo, o motivo de todo mundo querer saber mais sobre os aliens. Mas, se você tem interesse pela ciência — desde a SETI até a Astrobiologia e as tecnoassinaturas —, por onde deve começar? À sua volta existe uma névoa de relatos, conceitos e terminologias que você precisa conhecer para começar a entender o que vem por aí. Por exemplo, o que é a equação de Drake, e por que ela é tão importante? O que é o paradoxo de Fermi, e quanto a SETI de fato fez para solucioná-lo? Quantos exoplanetas existem, e quais deles são relevantes? O que é uma tecnoassinatura ou bioassinatura, e como se faz para encontrar uma? E quanto aos UFOs/UAPs? É para levá-los a sério? Em caso positivo, que perguntas devemos fazer, e como fazê-las?

O objetivo deste livro é dar a você um bom panorama do que está acontecendo neste momento, do que está por vir e do motivo de isso ser tão importante. Minha maior meta é dar ao leitor um atalho rápido e divertido para todas as perguntas e questões incríveis que rodeiam a mãe de todas as perguntas:

Estamos mesmo sozinhos?

Então, prepare-se. É hora de iniciar nossa jornada. Temos bastante terreno para cobrir. Assim que tivermos terminado, você saberá tudo o que precisa saber do que se sabe (pelo menos por ora) a respeito de aliens. Desse ponto em diante, você estará pronto para se unir a essa grande viagem de descoberta e estará preparado quando alguém disser que "eles" foram, enfim, descobertos. Porque, afinal, não queremos apenas acreditar; temos que saber.

1

COMO CHEGAMOS AQUI?

Como nossas velhas perguntas sobre alienígenas assumiram sua feição moderna

Olhe para a sua mão. Eu sei, é um pedido idiota, mas só olhe para ela por um instante. Dentro de cada célula da sua mão e do resto do seu corpo existe uma memória genética de todos os ancestrais, remontando à origem do *Homo sapiens*, há quase 300 mil anos. Isso dá mais do que 15 mil tataravós. Em você, há multidões. Pode apostar que todos aqueles avós de gerações passadas também passaram parte da vida fitando o céu noturno, com as estrelas sentinelas olhando de volta para eles. E o que isso significa? Significa que você não é o único interessado em aliens. Seus pais também eram. Assim como seus avós, seus bisavós, seus trisavós e assim por diante.

Para ser claro, talvez os *seus* pais ou os *seus* ancestrais remotos lá no século XIV não fossem obcecados pela vida alienígena. Contudo, você pode estar certo de que em cada uma daquelas gerações havia muita gente pensando seriamente sobre isso. Isso porque a pergunta sobre a existência de vida no universo é tão antiga quanto o próprio mundo. "Estamos mesmo sozinhos?" é uma pergunta muito, muito antiga.

As discussões sobre a existência de outros planetas habitados remontam a muito, muito tempo, e é importante entender como essas discussões assumiram sua feição, porque elas podiam ser bastante acaloradas. Acima de tudo, esses velhos debates montam uma espécie de pano de fundo para a grande virada que se deu no meio do século XX e para a explosão de possibilidades que vemos hoje. Depois da Segunda Guerra Mundial, tecnologias como o foguete, o rádio, o radar e a bomba atômica transformaram a maneira como pensávamos o espaço sideral e a possibilidade de haver civilizações alienígenas. Também provocaram a primeira onda de avistamentos de UFOs amplamente divulgados e registrados, o que fez gravar no imaginário popular o conceito dos aliens. Neste primeiro capítulo, vamos desdobrar essa história para ver exatamente como chegamos a este momento incrível e doido, em que uma pergunta tão antiga quanto a própria humanidade parece estar prestes a ganhar uma resposta.

Uma pergunta muito, muito antiga

Os debates sobre os aliens através da história

Podemos rastrear as discussões sobre alienígenas, pelo menos nas fontes escritas, desde a Grécia antiga. Aristóteles, dos mais famosos entre os famosos filósofos gregos, era o que podemos chamar de *pessimista alienígena*. Você já deve conhecê-lo, mas, caso não conheça, ele viveu por volta 350 Antes da Era Comum e desenvolveu ideias sofisticadas sobre tudo o que existe, desde a natureza da arte até a natureza da biologia.* Quando se tratava da vida em outros planetas, Aristóteles estava certo de que a Terra era única. Isso porque, para ele, a Terra era literalmente o centro do universo: o Sol orbitava em volta da Terra, assim como os outros cinco planetas (aqueles visíveis sem uso de telescópio: Mercúrio, Vênus, Marte, Júpiter e Saturno). Aristóteles via a Terra como um caso tão único que ele dividia o cosmos entre um reino sublunar, isto é, abaixo da órbita da Lua, e um reino celestial. A vida e todas as suas transformações só podiam ocorrer no reino sublunar. O reino celestial era eterno e imutável. Foi dessa perspectiva que Aristóteles deu sua famosa declaração: "Não pode haver mais do que um só mundo". Com isso, ele queria dizer que não podia haver um lugar parecido com a Terra (por causa de suas singulares formas de vida) em nenhum outro lugar do universo.

---

* Uma boa fonte para conhecer o histórico desses debates é *Plurality of Worlds: The Extraterrestrial Life Debate from Democritus to Kant*, de Steven J. Dick (Cambridge University Press, 1984).

Aristóteles foi, é claro, o expoente das grandes ideias da época, e ainda durante dezenove séculos adiante. Por fim, até mesmo a Igreja católica adotaria em sua doutrina alguns dos pontos de vista dele. Mas isso não significa que todos os outros filósofos gregos do período helênico, de 2.350 a 2.050 anos atrás, concordavam com ele. Havia, por exemplo, um grupo de pensadores coletivamente conhecidos como atomistas que achavam um pouco ridícula a divisão entre reinos sublunar e celestial. Para atomistas como Epicuro, que viveu por volta de 300 Antes da Era Comum, tudo o que havia no universo era construído por minúsculas partículas de matéria indestrutível, chamadas átomos (átomos, atomistas... você já entendeu). À medida que esses átomos disparavam pelo cosmos, eles colidiam e, no processo, se combinavam de toda maneira possível. Aqui em nossa região do cosmos, eles se chocaram, formando a Terra e todo ser vivo que há sobre ela.

No entanto, uma vez que os átomos estavam em toda parte e em todas as coisas, Epicuro argumentava que o universo devia conter muitos outros planetas, e muitos deles deviam ser habitados. Nada fazia mais sentido do que isso. Se os átomos eram universais, por que a Terra seria especial? Esse ponto de vista fazia de Epicuro um *otimista alienígena*, e ele rebateu a perspectiva de Aristóteles quando escreveu: "Há infinitos mundos parecidos e diferentes deste nosso [...]. Ademais, devemos acreditar que em todos os mundos há criaturas, plantas e outras coisas vivas que também vemos neste mundo".

Mesmo que as características das posições otimista e pessimista tenham mudado ao longo dos séculos, é interessante ver como sua feição básica aparece na literatura de mais de dois milênios atrás. Isso foi num passado ainda mais distante do que aquele dos seus tataravós. Então, sim, as pessoas vêm discutindo sobre aliens faz muito, muito tempo.

* * *

Após a queda do Império Romano, por volta do ano 500 da Era Comum, o avanço da astronomia passou para os impérios islâmicos da Pérsia e de outros lugares. Astrônomos das grandes sociedades muçulmanas deram sequência à astronomia grega, criando cartas celestiais mais precisas, bem como concebendo ideias sobre um universo centrado na Terra, do tipo em que Aristóteles acreditava. Eles também tiveram suas discussões entre os otimistas e os pessimistas, jogando perspectivas teológicas do islamismo na mistura. Alguns estudiosos alegavam que o Corão sustentava a possibilidade de haver outros mundos e outros seres humanos. Então, quando a Europa saiu da Idade Média e começou novas investigações científicas nos anos 1500, o debate se aqueceu ainda mais.

Nas últimas décadas daquele século, um monge radical da ordem dominicana, Giordano Bruno, surge em cena. Bruno era copernicano, isto é, acreditava na visão do astrônomo polonês Nicolau Copérnico, que punha o Sol, não a Terra, no centro do sistema solar. Já que todos os planetas orbitavam ao redor do Sol, a Terra tinha sido rebaixada a "só mais um planeta qualquer", sem nada de especial. Esse modelo *heliocêntrico* (centrado no Sol) se contrapunha à versão *geocêntrica* (centrada na Terra) de Aristóteles, que também era a visão oficial da Igreja. Copérnico sabia que a Igreja não admitia ser provocada com heresias astronômicas; então, se absteve de publicar sua teoria até estar comprovadamente morto.

Já Giordano Bruno não pensava desse jeito. Era intelectualmente corajoso e também meio babaca, já que afastou quase todo mundo que o apoiava. Apesar de ter sido perseguido de uma capital europeia a outra, Bruno estava disposto a romper os limites do que a Igreja católica toleraria em termos de ideias heréticas. Para Bruno, se você aceitasse que todos os planetas, incluindo a Terra, giravam em torno do Sol, podia igualmente aceitar que as estrelas não passavam de outros sóis. A partir disso, ele argumentou que todas as estrelas tinham a própria família de planetas em sua órbita, e alguns desses mundos deviam abrigar vida, assim como a Terra. A Igreja era da seguinte opinião: "Nem pensar". No fim, os clérigos conseguiram apanhar Bruno, que foi levado até a temida Inquisição. Por uma variedade de razões oficiais, Bruno foi declarado herege, arrastado até uma praça em Roma, pendurado de ponta-cabeça numa estaca e consumido pelo fogo. Como eu disse, o debate alienígena, na época, era meio esquentado.

Foi só uns oitenta e poucos anos depois que o clima do debate alienígena esfriou consideravelmente. Em 1687, Isaac Newton lançou a versão moderna da astronomia com sua descoberta das grandes leis motrizes e sua descrição da gravidade. Nessa época, o modelo heliocêntrico tinha vencido. Toda a gente educada concordava que o Sol não ultrapassava o horizonte toda manhã — em vez disso, era o horizonte que baixava até revelar o Sol. Nesse novo ambiente intelectual, um francês chamado Bernard de Fontenelle escreveu *Diálogos sobre a pluralidade dos mundos*, em 1686. Amplamente lida, a obra declarava que o universo estava repleto de planetas e de vida. "As estrelas fixas não são senão vários sóis, que dão Luz a um Mundo." De Fontenelle era definitivamente um otimista alienígena. Um século e meio depois, o surgimento da teoria evolutiva de Charles Darwin produziu toda uma nova forma de enquadrar as discussões sobre vida e planetas que favorecia o otimismo alienígena. A evolução havia criado a vida a partir de rochas, água e energia aqui na Terra, então por que não teria feito o mesmo em outros lugares?

No entanto, na virada do século XX, novas descobertas na Astronomia, não na Biologia, levaram a crer que a vida era incrivelmente rara. Isso porque os astrônomos haviam chegado à conclusão de que planetas como a Terra podiam ser incrivelmente raros. Em 1910, a teoria dominante para explicar a formação de planetas dizia que era preciso duas estrelas para que ocorresse uma quase colisão. A gravidade mútua entre os astros, conforme passavam um pelo outro, arrastaria material de ambos no espaço sideral, e, então, esse material formaria um planeta. Mas cálculos mostraram que as estrelas quase nunca colidiam. Isso significava que planetas quase nunca se formavam. Já que a ausência de planetas implica a ausência de vida, mesmo nos anos 1940, a maioria dos cientistas achava que aliens de qualquer tipo eram uma impossibilidade.

Neste apanhado geral, cobrimos 2.500 anos de pessoas fazendo as mesmas perguntas sem parar. Durante todo esse tempo, ao longo de todas essas gerações, a pergunta assumiu formas ligeiramente diferentes. Seria a Terra o centro do universo? Existem outros planetas? Há vida em outros lugares? O que não mudou nesse ínterim, porém, era a pista que ninguém tinha. A questão alienígena era somente um monte de pessoas debatendo aqui na Terra, brigando a ponto de atear fogo umas nas outras — só por causa de *opiniões*!

No entanto, na fatídica década de 1950, as coisas começaram a mudar. Como veremos, foi quando foram dados os primeiros passos rumo a uma *ciência da vida alienígena*. Então, apesar de as perguntas sobre os aliens serem muito, muito antigas, nossa capacidade para responder às perguntas é muito, muito nova. Essa é a história que iremos contar no resto deste livro.

O paradoxo de Fermi

Existe um Grande Silêncio?

O céu noturno é estonteante se você consegue fugir da iluminação artificial. Em meio às montanhas ou no deserto, as estrelas se mostram em toda a sua glória, incluindo a luminosa faixa da Via Láctea, estendida de um horizonte a outro. A maioria de nós nunca tem essa visão, porque tendemos a viver ofuscados pela abundância de luz em cidades que nós mesmos construímos. É estranho o fato de tantos seres humanos do mundo moderno serem privados dessa experiência ancestral de maravilhamento simplesmente por causa de nossa necessidade de luz artificial. Há certa vertigem, familiar a todos os nossos ancestrais, no ato de mirar a escuridão do espaço sideral. Há uma estranha profundidade num céu envolto na penumbra. É como se você pudesse sentir o vazio do espaço, esticando-se até... algum lugar. Contudo, em primeiro lugar, há um senso de pertencimento, que nos une a todos os seres humanos que já fitaram um impecável céu à noite: "Meu Deus, está cheio de estrelas".

O pressentimento visceral de possibilidades, inerente à noite e a seu aparentemente infinito panorama de estrelas, transferiu para longe da Terra boa parte da longa discussão de nossa espécie sobre a vida. Como seria possível que estivéssemos sozinhos no cosmos quando podemos ver que há tantos outros lugares onde a vida pode se formar? Mas esse argumento não ajuda muito no que diz respeito a dar início a uma ciência da vida alienígena. Como quantificar "muitas estrelas" em termos de *se* e *quando* é possível se formar vida em outro planeta? Para fazer ciência, você precisa de perguntas específicas capazes de moldar um programa de pesquisa específico. Sem essas perguntas, os argumentos se tornam muito vagos. Fica difícil inclusive saber se você está fazendo avanços rumo a uma resposta.

Em meados do último século, a Astronomia e a Física tinham enfim feito progresso o bastante para sustentar perguntas cientificamente relevantes sobre a vida inteligente alienígena (isto é, civilizações tecnológicas).* Embora a primeira dessas perguntas tenha sido levantada por acidente, sua origem importa menos do que seu impacto. O que hoje chamamos de paradoxo de Fermi deu aos cientistas um dos primeiros problemas bem formulados sobre civilizações alienígenas interestelares. Ao lado da equação de Drake, que surgiu dez anos depois e da qual trataremos na próxima seção, o paradoxo de Fermi sintetiza a notável década de 1950.

Enrico Fermi era o tipo de gênio do qual outros gênios falavam em voz baixa. Era capaz de vislumbrar imediatamente o âmago dos problemas científicos que deixavam os outros perplexos. Foi o que aconteceu com a questão das civilizações alienígenas. Certa tarde de 1950,[1] Fermi e alguns colegas estavam a caminho do almoço em Los Alamos, à época o principal laboratório americano de armas nucleares. A conversa chegou aos avistamentos de UFOs, aquela primeira onda moderna que tinha acabado de começar três anos antes. Embora os cientistas estivessem céticos quanto aos UFOs terem qualquer coisa a ver com aliens, passaram a se perguntar sobre a possibilidade de haver civilizações extraterrestres, incluindo os detalhes técnicos associados à propulsão interestelar — típico papo de físicos

* Aqui é um bom ponto para deixar claro o que queremos dizer quando usamos a palavra "civilização". Os seres humanos têm uma longa e trágica história de se dividir em grupos, do tipo "nós" contra "eles". Com frequência, "nós" é o grupo dos civilizados, enquanto "eles" é o dos bárbaros ou selvagens, ou outro termo em voga na época. Da minha perspectiva, os seres humanos fizeram muitas, muitas civilizações — desde a incrível Confederação Sêneca, no que hoje é o norte do estado de Nova York, passando pelo Império Romano até a dinastia Tang na China. Contudo, neste livro, estamos interessados em como uma espécie tecnologicamente capacitada se organiza de modo a ser visível através de distâncias interestelares. Isso implica a habilidade de reunir muita energia, e isso provavelmente exige níveis de tecnologia que só recentemente conseguimos alcançar. É isso que quero dizer quando escrevo "civilização".

durante o almoço. Depois de algum tempo, a conversa resvalou em outros tópicos, e os colegas apenas apreciavam a comida. Mais tarde, Fermi disparou: "Onde está todo mundo?".

Naquele momento, Fermi percebeu que, se civilizações tecnologicamente avançadas e viajantes fossem mesmo comuns, já deviam estar por toda parte, incluindo a Terra. É uma sacada simples, mas que leva nosso maravilhamento diante das estrelas a um novo patamar. Se a vida se forma com facilidade em outros planetas e evolui com facilidade em civilizações avançadas, perguntou-se Fermi, por que os aliens não tinham aterrissado na Times Square e se apresentado? Por que ainda não estavam andando por aí, puxando conversa conosco na rua ou até tomando o poder? Fermi sabia que, se os aliens eram comuns, deviam estar aqui, agora. Como é que Fermi sabia disso? A resposta é simples (assim que alguém como Fermi a explica a você).

A lógica da coisa, baseada no insight de Fermi, é mais ou menos assim: nada viaja mais rápido do que a velocidade da luz. É uma lei básica da Física. Significa que qualquer nave alienígena teria, no melhor dos casos, que viajar em velocidades ligeiramente menores. A galáxia da Via Láctea é formada por bilhões de estrelas e se estende por cerca de 100 mil anos-luz sem fim. Ao dividir a distância (o tamanho da Via Láctea) pela velocidade (digamos, um décimo da velocidade da luz, que os aliens provavelmente podem atingir se já conseguem sair voando pela galáxia), você tem a resposta necessária à pergunta de Fermi. Levaria centenas de milhares de anos para uma civilização tecnologicamente avançada saltar entre sistemas solares (talvez estabelecendo colônias no meio do caminho) e cruzar a galáxia. Centenas de milhares de anos podem parecer tempo demais para nós, humanos, com nossa curta expectativa de vida, mas a galáxia tem cerca de 13,6 bilhões de anos. É *muita* coisa. Em relação à idade da galáxia, qualquer espécie que viajasse pelo espaço deveria ser capaz de alcançar qualquer ponto da galáxia num cósmico piscar de olhos, embora não tenhamos visto nenhum vestígio definitivo deles aqui na Terra. Se exocivilizações tecnologicamente avançadas são comuns, já devíamos ter provas de sua existência.

É aí que entra o paradoxo: não temos as tais provas. Então… e agora? As pessoas pensaram muito para responder a essa pergunta.

Em 1975, o astrônomo Michael H. Hart publicou um famoso artigo sobre o insight de Fermi, no qual declarava que a ausência de aliens na Times Square significa que não há absolutamente nenhum alien em lugar algum. Para ele, o paradoxo de Fermi significa que somos a única vida inteligente na galáxia inteira, e ponto-final. Com tantas estrelas e nenhuma inegável visita alienígena, a única conclusão, para Hart, era a de que a inteligência alienígena e talvez a vida alienígena fossem incrivelmente raras.

Outros não jogaram a toalha com tanta facilidade. Na verdade, existe toda uma indústria de artigos científicos que tenta descartar o paradoxo de Fermi. Por exemplo, há a hipótese do zoológico, que diz que a galáxia pode estar cheia de aliens, mas eles estão deixando a Terra em paz de propósito para nos observar de longe, assim como nós vemos os animais nas jaulas do zoológico. Outra ideia, defendida por Carl Sagan, é a de que o movimento expansionista de espécies alienígenas que viajam pelo espaço sempre seria logo adiado por falta de recursos. A totalidade da galáxia nunca se assenta, e é por isso que não há assentamentos alienígenas aqui na Terra.

Alguns anos atrás, fiz parte de um grupo de pesquisa que queria participar dessa brincadeira. Para melhor compreensão de como os aliens viajantes poderiam iniciar um movimento expansionista através da galáxia, criamos um jeito de simular uma colônia interestelar. Começamos supondo que uma única civilização havia evoluído num planeta aleatório orbitando ao redor de uma estrela aleatória na galáxia da Via Láctea. Depois, projetamos a civilização despachando suas naves por distâncias interestelares a uma fração da velocidade da luz. Presumimos que, assim que uma nave chegasse a uma nova estrela, sua tripulação se acomodaria num dos planetas e construiria novas naves. Essas naves seriam então despachadas para outras estrelas próximas. Dessa forma, foi possível "observar" como uma civilização dava início a uma avalanche de assentamentos que varriam toda a galáxia. Como Fermi previu naquele dia em 1950, nossa simulação mostrou que colonizar toda a galáxia levaria de apenas algumas centenas de milhares de anos a, na pior das hipóteses, algumas centenas de milhões de anos (ainda assim, pouco tempo se comparado à idade da galáxia). Nada, nem mesmo supernovas (estrelas explosivas) que esterilizam partes da galáxia, poderia segurar a expansão. Mesmo se uma supernova criasse uma "zona morta" de planetas inabitáveis, naves colonizadoras vindas de fora da zona iriam rapidamente preencher o espaço. A onda expansionista nunca pararia. Sagan estava errado.

Contudo, os modelos que criamos realmente mostraram uma maneira de solucionar o paradoxo de Fermi. Pela história da Terra, sabemos que as civilizações não duram para sempre. Isso valeria também para as civilizações alienígenas, que poderiam fracassar por razões que estão dentro de nossa compreensão — política, guerra, doença e desastres naturais, como supernovas. Elas também poderiam acabar por razões com as quais *nunca* nos deparamos, como superparasitas subatômicos que transformam tecnologias digitais em assassinos zumbis (acabei de inventar isso; segure aí a minha cerveja enquanto ligo para os roteiristas de Hollywood).

A questão é a seguinte: se em nossa simulação permitíssemos que colônias acabassem morrendo a uma taxa regular, dava-se um novo efeito. Embora pudesse haver um monte de aliens viajando entre as estrelas a qualquer momento, o fato de que planetas colonizados eventualmente deixavam de emitir sinais significava que buracos se abriam a todo momento no mapa da galáxia habitada. Se as condições estivessem certas, no que diz respeito à distância suficiente entre as estrelas, então esses buracos continuariam assim por um bom tempo. Foi assim que descobrimos que trechos relativamente grandes de espaço sideral poderiam se manter populados esparsamente, ao longo de milhões de anos. Se nosso sistema solar estivesse situado num desses bolsões vazios — um lugar que era vazio durante o relativamente recente surgimento de nossa espécie —, isso explicaria por que não há aliens aqui e agora. Mas também significa que eles podem estar a caminho.

É claro que, para aqueles que acreditam que os UFOs *são* visitantes alienígenas, não há paradoxo nenhum, porque "eles" já estão aqui. Mas isso suscita a pergunta: por que estão (em sua maioria) se escondendo? Conforme debateremos nos capítulos seguintes, o problema de ver os UFOs como aliens é que você precisa ao mesmo tempo explicar por que os aliens estão sempre tentando se esconder e por que eles são tão ruins nisso.

No momento de seu êxtase durante o almoço, Enrico Fermi não tinha como saber a importância que seu insight teria. O paradoxo de Fermi tem assombrado tanto cientistas como quem quer que tente pensar as civilizações alienígenas décadas depois de Fermi tê-las cogitado. Embora frustrante e até deprimente, o paradoxo moldou muito do pensamento sobre a SETI ao fornecer aos cientistas uma pergunta bem formulada a partir da qual pudessem trabalhar. Isso significa que, para quem tem interesse em Astrobiologia, tecnoassinaturas ou UFOs, é importante entender o paradoxo de Fermi e o que ele diz.

Mas também é igualmente importante saber o que ele *não* diz.

O paradoxo de Fermi não nos diz se o universo é silencioso quando se trata de vida alienígena. Discorre apenas sobre o motivo de os aliens não estarem *aqui*, na Terra, neste exato momento. Não diz nada sobre nossas buscas por sinais de civilizações alienígenas em planetas distantes.

Deixa que eu explico.

Às vezes as pessoas falam sobre a SETI e o Grande Silêncio. Dizem que ficamos procurando o céu inteiro com radiotelescópios por mais de oitenta anos e jamais nos deparamos com uma mensagem, um sinal ou uma transmissão de TV extraterrestre. Isso está totalmente equivocado. O fato é que nós mal começamos a procurar. Erra quem pensa que, toda noite, astrônomos do mundo inteiro investigam as estrelas com seus radiotelescópios em busca de sinais de alienígenas. A realidade é muito mais simples e triste. A SETI sempre teve o bolso furado. No que diz respeito a caçar sinais alienígenas, fora uns poucos entusiastas solitários arriscando uma busca ou outra, nada de significativo aconteceu. A esmagadora maioria das buscas que precisam ser feitas *ainda precisa começar*.

Há muitos parâmetros que os pesquisadores da SETI precisam explorar para concluir uma busca. Primeiro, são muitas as estrelas para onde olhar. Depois, precisam decidir em que frequência de rádio sintonizar. Por fim, deve-se responder à pergunta: com que assiduidade os pesquisadores devem observar cada estrela? Todo dia? Toda hora? Todo segundo? A lista continua, o que dificulta manter um registro de quem já procurou e onde o fez. Em 2018, Jason Wright e seus colegas da Universidade da Pensilvânia tentaram fazer justamente isso. Trabalhando com base numa ideia de Jill Tarter, examinaram cada busca da SETI já feita. Queriam saber qual fração da pesquisa sistemática completa tinha sido realizada. A conclusão a que chegaram foi atordoante. Imaginando a porção do universo que os pesquisadores da SETI precisam explorar como se fossem os oceanos da Terra, a equipe de Wright descobriu que só uma piscininha tinha sido de fato vasculhada. Faria sentido alguém declarar que o oceano está vazio de peixes depois de procurar só numa poça?

A moral da história é que certamente existe um paradoxo de Fermi *direto*, mas não um *indireto*. Pois é, por que os aliens ainda não estabeleceram uma colônia aqui na Terra? Você pode arranjar sua resposta preferida para essa pergunta porque essa pergunta é o paradoxo de Fermi direto. A solução pode abranger desde "aliens não existem" até "são UFOs!". Quando se trata do paradoxo de Fermi indireto, isto é, a prova de vida alienígena em planetas distantes, a resposta é simples. Não há paradoxo de Fermi desse tipo. Apenas ainda não procuramos o bastante. Até agora. Por todas as razões que iremos descrever nos capítulos seguintes, a busca está aquecendo. Estamos prontos. Somos capazes. E vamos conseguir.

A equação de Drake

Fazendo as perguntas certas

Os otimistas por aliens olham para um céu noturno cheio de estrelas e têm certeza de que o que aconteceu com a vida na Terra deve ter acontecido em outros lugares. Com tantas estrelas, por que seríamos os únicos? Os pessimistas por aliens não se deixam comover pelo céu estrelado porque estão convencidos de que as chances *contra* a formação de vida superam o número de estrelas. Afinal, se você compra mil bilhetes de loteria, mas a chance de vender é uma em 10 bilhões, você ainda (provavelmente) vai perder.

Como sabemos, os otimistas e os pessimistas por alienígenas têm se perseguido pela maior parte da história, sem nada além de opiniões pessoais para respaldar suas alegações. No entanto, a ciência não vive de opiniões; ela funciona com pesquisas. Para a questão da vida alienígena fazer progresso científico de verdade, alguém em algum lugar precisaria fornecer a ambos os lados algo com que pudessem trabalhar. O paradoxo de Fermi deu aos cientistas uma pergunta, mas não um projeto. Alguém ainda precisava criar um mapa do itinerário que os cientistas poderiam seguir para elaborar um programa de pesquisa de busca por vida alienígena.

Esse alguém calhou de ser Frank Drake, um radioastrônomo de fala mansa, originário do Centro-Oeste americano, cuja coragem só era igualada por sua criatividade. Seu projeto para uma ciência dos aliens estava incorporado numa equação simples, formulada mais de seis décadas atrás. Com ela, Drake mudou radicalmente a maneira como pensamos a vida no cosmos e como buscamos por ela. A equação de Drake, como é agora conhecida, continua sendo a fórmula mais importante da Astrobiologia.

Aconteceu em 1961, pouco mais de um ano depois de Drake lançar a primeira pesquisa científica de busca alienígena usando um radiotelescópio no Observatório de Green Bank, na Virgínia Ocidental. À época, Drake tinha trinta e poucos anos e estava preocupado que seu interesse na vida extraterrestre houvesse lhe granjeado nada mais que a ridicularização por seus colegas. Embora essa pesquisa inaugural não tivesse rendido o tipo de aplauso que todo cientista espera receber de seus pares, rendeu um notável telefonema da Academia Nacional de Ciências dos Estados Unidos (NAS, na sigla em inglês). O homem do outro lado do telefone era J. Peter Pearman, e ele queria que Drake ministrasse um workshop sobre "comunicações interestelares".

Pearman e a NAS desejavam explorar a possibilidade de que em breve poderíamos enviar sinais para civilizações extraterrestres e recebê-los de volta. Grato por saber que alguém mais tinha interesse na vida cósmica, Drake aceitou a oferta e começou a organizar o encontro. Ele e Pearman convidaram oito pesquisadores, incluindo o renomado astrônomo Otto Struve; o bioquímico Melvin Calvin, futuro Prêmio Nobel; o especialista na linguagem dos golfinhos John Lilly; e um ambicioso jovem astrofísico chamado Carl Sagan. À medida que se aproximava o dia de abertura, Drake tratou de elaborar a pauta da discussão, mas até mesmo essa tarefa menor lhe impunha um problema singular. Como se organiza uma discussão científica sobre um tópico que nunca foi discutido cientificamente? Foi abordando esse problema que Frank Drake criou sua hoje famosa equação.

Seu primeiro passo foi definir a pergunta às claras. O que os cientistas presentes no workshop queriam responder exatamente? Poderíamos ser ingênuos a ponto de imaginar que era: "Existem civilizações alienígenas?". Mas essa pergunta não oferecia uma maneira direta de testar e descobrir quais etapas — isto é, o projeto de pesquisa — seriam necessárias para encontrar a resposta. E cientistas adoram projetos, então Drake se agarrou a uma pergunta diferente. Em vez de perguntar se aliens existem ou não, ele simplesmente perguntou: "Quantos deles existem lá fora?". Era uma mudança pequena, mas que mudou tudo.

A exata pergunta científica de Drake era: "Quantas civilizações de tecnologia avançada existem na galáxia da Via Láctea?". Para Drake, "tecnologia avançada" significava possuidora de radiotelescópios que podiam ser usados para comunicações interestelares. Sim, eu sei, é uma maneira bem estrita de definir civilizações, mas servia a um fim: a elaboração de uma pergunta sobre aliens que podia ser decomposta em vários pedaços. Cada pedaço representava um subproblema e levava a um plano mais bem afinado. Ao responder cada subproblema, etapa por etapa, os pesquisadores poderiam pavimentar o caminho até o cobiçado número de civilizações de tecnologia avançada, que aqui representaremos por N.

A possibilidade de discutir cada subproblema em separado também forneceu a Drake a pauta de seu workshop. Compondo o problema matematicamente — a maneira mais econômica para cientistas pensarem —, ele combinou todos os subproblemas numa fórmula só:

$$N = R_* \cdot f_p \cdot n_e \cdot f_l \cdot f_i \cdot f_c \cdot L$$

Traduzindo, a equação diz (respire fundo se quiser repetir em voz alta; vem aí uma frase longa): o número de civilizações alienígenas detectáveis na galáxia [N] é igual ao número de estrelas formadas a cada ano (R_*), multiplicado pela parcela dessas estrelas que possuem planetas (f_p), multiplicado pelo número de planetas por sistema solar que possuem ambiente adequado à vida (n_e), multiplicado pela parcela de planetas adequados em que a vida de fato se forma (f_l), multiplicado pela parcela desses planetas nos quais a vida desenvolve inteligência (f_i), multiplicado pela parcela dessas inteligências que partem para criar civilizações tecnológicas (f_c), multiplicado pela média de expectativa de vida dessas civilizações (L).

Ufa, pode soltar o ar agora!

A breve equação de Drake, rabiscada numa lousa mais de sessenta anos atrás, veio a se tornar o alicerce do pensamento não só sobre a vida alienígena inteligente, mas sobre a vida alienígena de qualquer tipo. Ela foi impressa em pilhas de artigos científicos, estampada em camisetas, retratada em filmes e programas de TV e virou tema de incontáveis podcasts e vídeos do YouTube.

Então, qual é o ponto? O que a equação de Drake de fato nos diz sobre a vida no cosmos? E por que a equação sobreviveu? A resposta é: a evolução. O que a equação de Drake capta com clareza é a maneira como o surgimento de civilizações tecnológicas constitui um processo cósmico que começa simples e vai alcançando complexidade. Para ver como isso se dá, vamos repassar os sete termos da equação, da esquerda para a direita.

O primeiro termo, R_*, refere-se às estrelas, algumas das primeiras "estruturas" a se desenvolver no cosmos. O universo começou muito simples após o Big Bang, 13,8 bilhões de anos atrás. Havia só uns poucos tipos de partículas misturadas com perfeição numa grossa sopa de gás primordial. As estrelas foram uma das primeiras "coisas" grandes a evoluir desse estado inicial. Começar com o número de estrelas formadas a cada ano é a maneira de a equação de Drake reconhecer que as estrelas foram o primeiro degrau do universo, da simplicidade à complexidade das civilizações tecnológicas.

O segundo termo da equação refere-se aos planetas, que são outro degrau de complexidade. É provável que somente em suas superfícies ou em seus oceanos a Química consiga operar milagres e dar início à vida. Contudo, quando Drake escreveu essa equação, ninguém sabia se havia por aí mais planetas do que aqueles que orbitam ao redor do Sol. Era perfeitamente possível que a natureza quase nunca criasse planetas, daí o segundo termo de Drake ser a probabilidade de determinada estrela possuir planetas (f_p). Se f_p fosse perto demais de zero, então os planetas seriam raros, e isso representaria um gargalo para a formação de vida.

No entanto, nem todos os planetas são iguais quando se trata de dar início à vida. Mercúrio fica tão perto do Sol que sua superfície é continuamente assolada pela radiação. A temperatura de sua superfície durante o dia atinge 370 °C. É muito difícil imaginar como a vida poderia se originar num forno desses. A situação oposta se aplica aos planetas congelados no outro extremo de um sistema solar. Neles, as temperaturas ficariam tão abaixo de zero que as potenciais bioquímicas careceriam da energia necessária para construir coisas como células (isto é, coisas complexas). É por isso que o terceiro termo da equação de Drake é n_e, a média de planetas por sistema solar na faixa de órbitas em que o ambiente da superfície não é quente nem frio demais. É a chamada *zona habitável*.

É nos próximos três termos que a coisa começa a ficar interessante. A vida é diferente de qualquer outro sistema físico no universo. Por meio dos processos da evolução darwiniana, a vida é criativa. Ganha novas formas de uma maneira que as estrelas, os cometas e os buracos negros jamais ganhariam. De onde diabos veio o canguru? É uma espécie de coelho gigante capaz de esmurrar sua cara. Cometas nunca originaram um canguru e nenhum deles também formou um buraco negro, mas, a partir de criaturas unicelulares há bilhões de anos, a vida na Terra *inventou* o canguru por meio do processo de evolução.

No entanto, a primeira coisa que a vida deve inventar é ela própria. Dessa maneira, a formação da vida representa uma espécie de Big Bang na capacidade que o universo tem de ser complexo. O quarto termo da equação de Drake se refere diretamente ao processo chamado *abiogênese*. É um nome chique para o fato de que a vida deve de alguma maneira formar-se a partir de matéria morta (isto é, elementos químicos). Mais uma vez, Drake expressa as coisas em termos probabilísticos, com f_l nos fornecendo as chances de a abiogênese ocorrer num planeta da zona habitável escolhido aleatoriamente.

Depois da abiogênese, Drake trata da evolução da inteligência, que aqui na Terra tem sido lenta. A vida na Terra formou-se há pelo menos 3,5 bilhões de anos. Os primeiros animais só foram surgir quase 2 bilhões de anos depois (cerca de 500 milhões de anos atrás), e as primeiras possibilidades de inteligência em animais, só quando o tamanho do cérebro atingiu quase o tamanho daquele dos dinossauros, cerca de 100 milhões de anos atrás. Sendo conservadores, podemos dizer que a inteligência apenas começou a se formar depois do aparecimento de mamíferos graúdos. Drake expressa a questão da inteligência como a probabilidade f_i, segundo a qual, assim que a vida surge, ela seguirá até evoluir para algo como macacos, golfinhos ou dinossauros espertos. Por que é preciso levar isso em conta? Bem, você precisa de algum tipo de espécie inteligente em seu planeta para que o próximo degrau possa ocorrer, tipo as proezas tecnológicas, como o radiotelescópio.

Para construir radiotelescópios, as espécies inteligentes devem desenvolver formas de cooperação em grande escala. Precisam desenvolver os meios de criação e armazenagem de conhecimento sobre o mundo. Então precisam usar esse conhecimento para extrair e refinar recursos em grande escala. Em suma, essas formas de vida inteligente precisam desenvolver o que nós consideramos ser uma civilização. É claro que Roma, a dinastia Tang e os astecas eram todos civilizações de alta complexidade, mas não era disso que Drake estava falando. Drake focava em radiotelescópios porque somente as civilizações que conseguissem ao menos o nosso nível de desenvolvimento importam para sua pergunta. (Lembre-se, ele estava interessado em comunicações interestelares.) Drake expressa esse passo evolutivo como f_c, a probabilidade de, assim que surge uma espécie inteligente, ela evoluir para uma complexa civilização tecnológica capaz de construir dispositivos que possam enviar mensagens através das impensáveis distâncias que separam as estrelas.

O último termo da equação de Drake refere-se a algo que ultrapassa o conhecimento que já possuímos. Não sabemos com que frequência os planetas desenvolvem vida que então evolui para espécies tecnológicas, mas sabemos que já aconteceu pelo menos uma vez. Mas quanto dura, em média, uma civilização de tecnologia avançada como a nossa? Nós só participamos do jogo da civilização industrial por uns dois séculos, e da tecnologia de rádio, por um século. Então quer dizer que temos milhares, ou talvez milhões, de anos à nossa frente? Ou vamos sucumbir mais ou menos já no próximo século? Talvez outras espécies não sejam tão babacas a ponto de inventar armas nucleares. Talvez outras espécies não sejam tão estúpidas a ponto de ignorar que deflagraram a mudança climática e estão destruindo boa parte da flora e da fauna de seu mundo. Por outro lado, talvez a maioria das espécies seja muito mais imbecil do que a nossa. Talvez sejam tão maldosas, agressivas e egoístas que acabem se apagando do tabuleiro galáctico em menos de um século por causa de sua babaquice. São essas as questões por trás do fator final da equação de Drake: a duração média de uma civilização, isto é, a expectativa média de vida (L) de civilizações ao longo da galáxia.

Ao enquadrar a questão do modo como Drake fez, inventou-se um caminho para encontrar N, o número de civilizações com as quais os humanos poderiam se comunicar. Vale notar que, quando Drake escreveu essa equação, mais de sessenta anos atrás, só um termo dela era conhecido: o número de estrelas que se formava a cada ano. Hoje sabemos com certeza que $f_p = 1$, isto é, que praticamente todas as estrelas no céu possuem planetas. Também sabemos que n_e é cerca de 0,2. Uma em cada cinco estrelas abriga um planeta na zona habitável no qual pode se formar vida. Já é incrível descobrir respostas para f_p e n_e. Isso mostra que, ao longo das últimas décadas, fizemos um avanço espetacular numa pergunta presente há mais de 2.500 anos.

Como a equação de Drake funciona? Para começar, obtemos valores para cada termo, fazendo medições, teorias, ou simplesmente arriscando respostas. Depois, todos os fatores são multiplicados para obter N, o número total de civilizações avançadas na Via Láctea. Vamos escolher alguns números e ver como isso se dá.

Já sabemos os valores de R_*, f_p e n_e, então vamos ser otimistas sobre todos os outros termos e supor que as probabilidades são de 1,0 (isto é, de que cada planeta numa zona habitável origina vida, que se torna inteligente e cria uma civilização). Também vamos ser otimistas em relação à expectativa média de vida e supor que L equivale a 1 bilhão de anos. Quando multiplicamos tudo, obtemos N = 200 milhões de civilizações. É uma galáxia repleta de civilizações! Há 400 bilhões de estrelas na Via Láctea, então teríamos que procurar em cerca de 2 mil estrelas aleatoriamente até conseguirmos encontrar uma civilização. Isso está facilmente dentro das possibilidades da tecnologia atual.

Por outro lado, uma estimativa pessimista poderia estipular todos os fatores associados à vida em, digamos, uma chance em mil. Também poderia estipular a expectativa média de vida de uma civilização tecnológica em somente quinhentos anos. Já que temos radiotelescópios há cem anos, isso nos dá cerca de apenas quatrocentos anos até o Armagedom, então vamos que vamos. Ponha todos esses números na equação de Drake e você obterá N = 0 — nem uma civilização em toda a Via Láctea. Nesse caso, a galáxia é estéril. É claro que nós existimos, então sabemos que esse tipo de estimativa pessimista está pelo menos um pouquinho errado.

Em qual caso reside a verdade? Ainda não temos como saber. Mas a equação de Drake permite aos otimistas e aos pessimistas ver exatamente em relação a que estão sendo otimistas ou pessimistas. Permite que eles entendam as perguntas científicas explícitas (planetas na zona habitável, abiogênese, expectativa de vida da civilização) que subjazem à oposição entre otimismo e pessimismo. Mais do que isso, Frank Drake nos legou uma maneira de compreender nossa própria ignorância e sair dela. Essa maneira motivou três gerações de astrobiólogos a chegar até aqui, neste momento em que finalmente temos tecnologia para responder, de uma vez por todas, a pergunta sobre alienígenas.

Chegam os UFOs

Kenneth Arnold vê discos; Roswell fica em polvorosa; o governo se manifesta

Do repentino insight de Fermi sobre a duração de viagens interestelares até a equação de Drake para o esboço de um programa de pesquisa claro, podemos ver o surgimento de uma ciência da vida e das civilizações alienígenas nos primeiros anos da Guerra Fria. No mesmo período, porém, surge outra versão da questão alienígena, que também deixaria uma marca duradoura na maneira como as pessoas pensavam a vida no universo. Foi somente alguns anos depois de Enrico Fermi sentar-se com os amigos no refeitório para aquele famoso almoço que os UFOs invadiram o imaginário público.

No dia 24 de junho de 1947,[2] o tempo estava ótimo para voar no Noroeste Pacífico. O céu estava límpido e bonito sobre Mineral, no estado de Washington. Por volta do meio-dia, o piloto amador Kenneth Arnold se encontrava conduzindo seu pequeno avião monomotor por cima do alto cume do monte Rainier, a caminho de uma exposição de aviões no Óregon. Mas ele tinha ouvido dizer que um avião de transporte da Marinha desaparecera, e havia uma recompensa para quem encontrasse os destroços. Arnold decidiu fazer uma voltinha e dar uma olhada. Ele não tinha ideia de que estava para entrar na história dos UFOs.

Enquanto Arnold investigava o terreno, avistou um lampejo de cor azul. Seria o reflexo da luz solar de outro avião? Ele viu um DC-4 afastando-se dele, mas não havia luzes saindo da aeronave.* Então, os lampejos voltaram. Desta vez, ele viu exatamente de onde estavam vindo: de nove objetos que voavam em formação diagonal, movendo-se ao mesmo tempo, como uma cauda. Arnold observou os objetos se reagrupando e se virando de maneiras que o fizeram pensar estar assistindo a algum tipo de manobra militar avançada. Usando o monte Rainier e o monte Adams como referência, Arnold conseguiu estimar a velocidade da estranha aeronave. Seu cálculo totalizou mais de 2.400 quilômetros por hora, quase o dobro da velocidade do som. Mas ele estava em 1947, poucos meses após o piloto de testes Chuck Yeager romper a barreira do som num voo experimental, então a velocidade calculada por Arnold parecia impossível. Ele acompanhou aquela formação ainda por algum tempo até que os objetos sumiram de sua vista. O incidente todo não durou muito, mas deixou Arnold com "uma sensação assustadora". Depois de aterrissar para abastecer, ele contou a história aos colegas do hangar. O que aconteceu na sequência viria a ecoar ao longo da

* Douglas DC-4 é um avião quadrimotor a pistão projetado na década de 1940 para uso comercial, mas também foi utilizado como transporte militar durante a Segunda Guerra Mundial. (N.E.)

História, moldando tudo o que pensamos sobre UFOs e sua conexão com aliens do espaço sideral.

A narrativa de Arnold se espalhou rapidamente, e repórteres do *East Oregonian* lhe pediram que contasse mais detalhes. Arnold lhes pareceu uma testemunha crível e um observador atencioso. Narrando a cronologia do que viu, Arnold descreveu a aeronave e os movimentos que ela fazia. Exatamente o que aconteceu depois disso permanece controverso, mas, quando Arnold descreveu que os objetos se moviam como "um disco que você arremessa sobre a superfície de uma lagoa", ele desencadeou uma cadeia de acontecimentos que pode ter levado ao maior equívoco da história do jornalismo.

A matéria no *East Oregonian*, nem de longe um jornal grande, abria com as palavras "Aeronave parecida com um disco". Então, um dos repórteres emendou outra notícia pinçada pela Associated Press (AP) e, de alguma forma, as descrições se misturaram. O relato de Arnold dizia respeito a uma aeronave em forma de meia-lua com "asas" que se envergavam em arco. Não foi isso o que os outros jornais entenderam da notícia divulgada pela AP, que parecia ter interpretado erroneamente a descrição de Arnold. Então, o *Chicago Sun*, nem de longe um jornal pequeno, reproduziu a matéria com uma manchete espetaculosa: "Piloto de Idaho avista discos voadores supersônicos".[3]

O artigo do *Sun* deflagrou uma avalanche. Em seis meses, o relato do disco voador foi republicado em 140 jornais por todos os Estados Unidos. O mais notável é que uma epidemia de avistamentos de discos voadores apareceu logo depois no país. Nos meses seguintes à publicação da matéria, mais de 830 UFOs foram vistos nos Estados Unidos e no Canadá, quase todos descritos, curiosamente, como discos. No final do verão de 1947, os "discos voadores" eram oficialmente um destaque.

O que Kenneth Arnold realmente viu aquele dia? Sei lá. Eu não estava presente. E sabe de uma coisa? Nem você nem ninguém mais estava, além de alguém chamado Kenneth Arnold. Essa é a primeira lição crucial a aprender com essa história. A narrativa de Arnold foi a manchete pública inaugural a respeito de UFOs. Suscitou um intercâmbio entre os crédulos e incrédulos que viria a definir o debate sobre UFOs. Os crédulos salientam o fato de que Arnold era um trabalhador de respeito, que pareceu um homem sério e íntegro a todos, inclusive a oficiais americanos que mais tarde o entrevistaram. Isso parece ser verdadeiro. À época, ninguém pensava que Arnold estivesse tentando criar um boato, e sua tentativa de estimar a velocidade da nave usando a distância conhecida entre as montanhas demonstrava que ele era um piloto habilidoso e um observador consciente.

No entanto, os céticos mencionam que pelo menos um dos oficiais disse que ele parecera "impressionável" (embora, pensando bem, por que ele não seria, caso tivesse mesmo visto o que viu?), e em seguida começam a elencar coisas não alienígenas que Arnold de fato teria visto no lugar do disco. Essas coisas incluem uma miragem projetada por uma inversão térmica da atmosfera, gansos voando muito alto ou até mesmo um meteoro aos pedaços. Na sequência, os crédulos oferecem seus próprios contra-argumentos, os quais, segundo eles, anulam essas supostas explicações sensatas. Meteoros, diriam eles, jamais se movimentariam como uma pipa, conforme Arnold descreveu. E gansos não são conhecidos por voar a velocidades supersônicas. Esse tipo de debate continua sem parar, até que... bem, até que as pessoas parem de ouvir e vão seguir suas vidas.

Acontece que a ciência não tem muito o que fazer com meros depoimentos pessoais, nem mesmo quando eles vêm de uma testemunha que parece crível. Na verdade, como todo policial ou psicólogo poderá te dizer, o testemunho pessoal é a pior forma de prova que existe. Mais de uma vez ele se comprovou sujeito a falhas. A memória é capaz de exagerar detalhes que se mostram inverídicos, ou as testemunhas, no calor do momento, esquecem coisas que teriam sido essenciais para a explicação. O melhor que se poderia dizer a alguém como Arnold é: "Certo, eu acredito que você está falando sério e que o que você descreve é exatamente o que acredita ter visto". Se isso parece um tanto sem graça, posso te dizer que é muito melhor do que: "Você não passa de um mentiroso safado que acha que sou um otário".

Portanto, o que Arnold *de fato* viu? Espaçonaves viajando a velocidades sem precedentes? Naves militares avançadas, que ainda não foram reveladas mais de setenta e cinco anos depois? Algum fenômeno da natureza? Não há como saber, e não há como concordar que sabemos.

A segunda lição importante a aprender com Arnold é o poder de uma história. Arnold viu um disco voador. Ele viu o primeiro disco voador. Então, quase imediatamente após os jornais chegarem às bancas, todo mundo começou a ver discos voadores. Mas aí é que está: Kenneth Arnold não viu um "disco voador". Ele viu uma nave em C cujo dorso parecia aquelas estrelas-ninja em formato de morcego que o Batman atira por aí... ou algo assim. Então os jornais atribuíram a Arnold uma fala equivocada, e é por isso que as pessoas dizem que viram *discos* voadores quando relatam que avistaram algo no céu. Não admira que um maremoto de avistamentos de discos tenha ocorrido *depois* de divulgado o relato de Arnold. Ora, um crédulo pode argumentar que isso é porque ninguém levou avistamentos anteriores a sério o bastante para publicá-los. Mas para os céticos a onda de avistamentos de discos pós-Arnold, quando na verdade Arnold não viu um disco, dificulta ainda mais dar crédito a esses novos relatos, especialmente quando chegam aos montes. Isso não tornam falsas essas histórias individuais; só significa que há muito joio nesse trigo.

* * *

O avistamento de Arnold despertou o pensamento humano sobre os aliens. Foi o primeiro relato sobre um UFO (isto é, um disco voador), e foi com ele que a ideia de vida interestelar tecnologicamente avançada aqui *e agora* na Terra entrou no consciente coletivo. Não importa se você acredita que é isso que está acontecendo ou não; a explosão do conceito de UFOs como aliens na cultura global exerceu um efeito profundo (e na maior parte negativo) na busca científica por vida fora da Terra. Como veremos, a maneira como os UFOs surgiram em nossa cultura e como foram abordados, tanto fora como dentro do governo, não ajuda a entender que coisa os UFOs são de verdade. Sem querer, Arnold basicamente provocou uma cagada fenomenal, e em nenhum outro lugar a merda fedeu mais do que em Roswell, Novo México. Se algum dia houve melhor razão pela qual cientistas sérios mantêm distância de UFOs e da cultura relacionada a eles, é a atordoante confusão de crédulos verdadeiros, conspirações e charlatães ligados ao nome Roswell.

Os fatos básicos do caso são os seguintes.* Em 14 de junho de 1947, W. W. "Mac" Brazel e seu filho estavam cruzando de carro o rancho em que trabalhavam quando toparam com um campo de destroços cheio de tiras elásticas, alumínio e gravetos.[4] Brazel não tinha telefone nem rádio em casa, portanto perdera as notícias sobre Kenneth Arnold e seu disco voador na semana anterior. Depois de conversar com as pessoas na cidade, Brazel fez uma conexão entre a comoção do disco voador e os destroços que viu. Falou com o xerife, que por sua vez sugeriu que ele entrasse em contato com o Campo Aéreo Militar de Roswell (CAMR, hoje Base da Força Aérea Walker). O Exército designou o major Jesse Marcel para o caso. Brazel, o xerife e o major Marcel voltaram ao rancho e coletaram os destroços. Mais tarde, Marcel deu à imprensa local uma declaração que abria com a impressionante manchete: "CAMR captura disco voador em rancho em Roswell". Poucos dias depois, uma declaração do Departamento de Guerra em Washington fez recuar a boataria, alegando que o material encontrado no rancho de Brazel era de um balão meteorológico. O jornal local publicou nova manchete: "Exército desmente notícia sobre disco voador de Roswell enquanto o mundo ferve de apreensão". Tiraram-se algumas fotografias de Marcel com os destroços, e estes realmente pareciam uma pilha de gravetos e borracha, não uma avançada aeronave alienígena.[5]

E foi isso. A história parou completamente por aí, desaparecendo na obscuridade. Ninguém deu muito crédito a Roswell depois disso — com exceção, é claro, dos roswellianos.

Trinta anos mais tarde, armou-se o circo na cidade.

Quase no fim dos anos 1970, Roswell foi arrastada de volta aos holofotes em entrevistas concedidas por Jesse Marcel a um pesquisador de UFOs chamado Stanton Friedman. Delas se deduzia que Brazel tinha de fato *descoberto* pedaços de um disco voador no rancho. O passo seguinte foi um episódio na série de TV *In Search Of...* dedicado a Roswell, aos aliens e a um suposto acobertamento do governo.

* Juro que estou me esforçando, mas, depois de ler vários livros com várias linhas do tempo e vários conjuntos de personagens, as palavras "fatos" e "básicos" parecem me escapar. E isso, meus amigos, é o cerne de todo problema que diz respeito a Roswell.

Como um câncer, a história de Roswell começava a crescer e evoluir por conta própria, e a cada passo essa história mudava à medida que mais testemunhas e detalhes eram acrescentados.

Em 1980, Charles Berlitz e William L. Moore jogaram mais lenha na fogueira quando publicaram *The Roswell Incident*. Os autores já haviam antes obtido alguma sorte com livros sobre o Triângulo das Bermudas e o Experimento Filadélfia. O segundo livro era sobre aquela famigerada ocasião na Segunda Guerra Mundial em que um destróier da Marinha americana foi engolido por uma distorção temporal.

Roswell era o projeto perfeito para esses homens. De acordo com o livro, o que realmente aconteceu em 1947 foi que um disco voador que passava perto de atividades de teste de armas nucleares foi atingido por um raio. A nave, que até aquele momento teria conseguido cruzar o espaço interestelar ilesa, foi de alguma forma fatalmente avariada pelo relâmpago, caindo no rancho de Brazel e matando todos os aliens a bordo. *The Roswell Incident* incluiu a primeira menção a corpos de aliens vistos no local do acidente, um detalhe que mais tarde desempenhará um papel cada vez mais importante. Acima de tudo, os autores alegavam ter entrevistado um punhado de testemunhas.

The Roswell Incident foi só o primeiro de uma série de livros que tentavam se aproveitar da história original. Cada novo livro acrescentava mais pretensas testemunhas e mais detalhes, incluindo a história do legista Glenn Dennis, que teria tido a oportunidade de olhar os cadáveres alienígenas — o que pode ter ocorrido ou não... Alguns dos livros diziam que havia mais discos e mais aliens, alguns mortos, outros não. Dois desses extraterrestres, diziam, até teriam sido levados em custódia pelo governo. Houve ainda alegações de que os cadáveres alienígenas foram vistos por ninguém menos que o presidente Eisenhower.

Tudo fica muito nebuloso e, acima de tudo, *inverídico*, como tem sido inúmeras vezes demonstrado por vários autores. O problema de fato é que, não importa quantas contradições, absurdos ou boatos se descubram nesses relatos, a fé dos crédulos nunca se abala. Para estudiosos que trabalham com essas coisas, Roswell é o exemplo do nascimento de um mito. É uma história que não pode ser provada como falsa. Para os que acreditam no mito, ele está fora do alcance de uma comprovação.

A história de Roswell deve ser mencionada por causa do efeito que teve na maneira como os UFOs são vistos pela comunidade científica. Nós, cientistas, temos critérios bastante altos para o que pode ser considerado como prova. O circo que se armou com a história de Roswell fez todo mundo de fora da comunidade de ufólogos balançar a cabeça em negação. Também hoje continua a projetar uma sombra sobre as discussões sobre os UAPs. Cientistas sérios que desejem assimilar o assunto (sem ideias preconcebidas sobre o que sejam os UAPs) precisam pensar duas vezes antes de entrar na sala de espelhos de parque de diversões que é o mundo dos UFOs. Por que correr o risco de manchar sua reputação se for flagrado no meio do furacão do absurdo?

Mas tem uma parte da história que realmente foi uma conspiração. Houve, sim, um acobertamento do governo em Roswell. O balão meteorológico da história de fato era uma mentira. O que realmente caiu no rancho de Brazel era o Projeto Magnata, um programa experimental secreto que usava balões de alta altitude para monitorar testes nucleares russos. Sabemos disso porque, em 1997, o governo publicou um relatório detalhado sob o título *O Relatório Roswell: Caso Encerrado*, descrevendo o projeto e o acobertamento em Roswell.

Parece que a vida real tem dessas.

A grande onda de avistamentos de discos voadores que se seguiu ao relato de Arnold em 1947 não passou despercebida pelo governo. No decorrer das duas décadas seguintes, pessoas normais e governos nacionais entraram num ciclo repetitivo que alternava empolgação inicial, relatórios detalhados e, por fim, expectativas frustradas. O ciclo foi disparado de novo com a divulgação dos hoje famosos encontros do piloto da Marinha americana com UAPs. Depois disso, o relatório do governo feito em 2021 sobre o avistamento de um monte de troços não identificados no céu elevou as apostas, em vez de nos aquietar. Até a Nasa lançou sua própria conferência sobre UFOs e UAPs, em 2022. Para enquadrar esses novos esforços numa perspectiva adequada, precisamos recuar e olhar para a longa história dos relatórios sobre UFOs feitos pelo governo americano. Mas se prepare, o caminho é todo acidentado.

Apenas um ano depois da primeira febre dos discos voadores, o governo americano lançou um projeto de título imaginativo, o Projeto Disco, para estudar o assunto. Reconhecendo que era um nome muito ruim para um esforço designado para acalmar os ânimos do público a respeito do assunto, ele foi rebatizado como Projeto Sinal [Signal]. A missão oficial queria determinar a natureza dos UFOs (isto é, se existissem mesmo), e se eram uma ameaça à segurança nacional. Preste bastante atenção na ênfase sobre a segurança nacional. Isso ajudará a entender (se possível) muito do que vem na sequência.

Dependendo das suas inclinações, talvez não surpreenda que os avistamentos *e* o interesse do governo nos UFOs vieram à tona logo quando a Guerra Fria estava esquentando. Os Estados Unidos se achavam numa disputa pelo controle total com a Rússia, conflito esse em que armas secretas de alta tecnologia e táticas psicológicas eram a paranoia do momento. Quando os avistamentos de UFOs aumentaram, junto com o interesse midiático, o governo passou a se preocupar simultaneamente com duas questões. Primeiro, os UFOs seriam uma ameaça? Representavam uma tecnologia que alguém, terráqueo ou alienígena, pudesse usar contra o país? A segunda questão ia em outra direção. Seria o interesse em UFOs uma ameaça *em si mesmo*? A apreensão pública a respeito dos UFOs poderia ser usada contra o próprio país? A resposta do governo a essas preocupações explica muito sobre a maneira como acabamos metidos na névoa mutante, perene e conspiratória que é a cultura moderna do UFO.

Dentro do Projeto Sinal, surgiu uma divisão entre aqueles que pensavam que os UFOs não existiam e aqueles que acreditavam no que viria a ser conhecido como "a hipótese extraterrestre", ou, nas palavras da autora Sarah Scoles, "a dicotomia entre 'são baboseiras' versus 'são aliens'".* O desacordo teve consequências duradouras. Dentro do Projeto Sinal, supostamente foi escrito um documento

---

* Recomendo o livro de Sarah Scoles, *They Are Already Here: UFO Culture and Why We See Saucers* (Pegasus, 2020), para um bom panorama da história dos UFOs e do que está acontecendo hoje.

com o convincente título *The Estimate of the Situation* [Avaliando a situação], um relatório volumoso e sigiloso que, segundo o capitão Edward Ruppelt (que mais tarde conduziu investigações sobre UFOs), concluía que os UFOs tinham origem interplanetária.[6]

Uau! Então houve um relatório do governo lá no começo dos anos 1950 que reconhecia que estávamos sendo visitados por aliens interplanetários? Bem, talvez. Ou talvez não. Ruppelt revelou a existência desse relatório num livro escrito muitos anos depois. No entanto, até hoje não existe nenhum exemplar de *The Estimate of the Situation* nos registros públicos. Também vale notar que Ruppelt deu início a uma onda de livros de revelação escritos por oficiais reformados do governo e do Exército.

Por fim, o Projeto Sinal foi sucedido pelo Projeto Rancor [Grudge] — pois é, foi uma péssima escolha de nome. Seu relatório concluía que a maioria dos avistamentos podia ser explicada, mas que cerca de 23% deles se recusavam a uma explicação fácil. De acordo com o relatório, "há fundamentos psicológicos suficientes [...] para fornecer explicações plausíveis para os avistamentos que não podem ser explicados de outro modo".[7] Dessa forma, o primeiro relatório oficial do governo sobre UFOs concluía que eles 1) não existiam e 2) não eram uma ameaça à segurança nacional. Contudo, o que poderia ser uma ameaça à segurança nacional era a potencial histeria associada ao avistamento de UFOs. O relatório parecia concluir que a União Soviética era capaz de instrumentalizar o medo e o fascínio do povo em relação aos UFOs como uma forma de controle da mente (um assunto em voga naqueles tempos).

A preocupação do governo — não com os UFOs, mas com a *cultura* UFO — aparentemente se tornou uma política com o advento do infame Seminário Robertson.[8] Esse encontro secreto, que durou quatro dias e foi realizado pela agência de espionagem em 1953, se detinha nas várias maneiras como os UFOs — reais ou fictícios — poderiam ser usados pela Rússia para disseminar o caos ou até mesmo mascarar um ataque aos Estados Unidos. O relatório secreto do seminário secreto (cujo sigilo se tornou público em 1975) pressagiava que quaisquer grupos de cidadãos privados que estivessem se reunindo para investigar UFOs por conta própria deveriam ser vigiados a fim de garantir que não fossem usados para fins subversivos. O relatório concluía ainda que o governo deveria certificar-se de desmistificar publicamente *todos* os relatórios sobre UFOs e tranquilizar o povo de que esse furor não passava de fogo de palha. O relatório parece mesmo desincentivar os registros oficiais sobre o avistamento de UFOs, declarando que, "nestes tempos perigosos, eles podem resultar numa ameaça ao funcionamento ordeiro dos órgãos protetores do corpo político".[9] Então, sim, o governo americano não era lá muito transparente sobre os UFOs naquela época.

Conforme os anos 1950 davam lugar à década seguinte, novas ondas de avistamento de UFOs tomaram de assalto a cultura e a política. Como resposta, Washington deu início ao próximo grande esforço governamental sobre o tema, denominado Projeto Livro Azul [Blue Book]. Durante sua existência, entre 1950 e 1969, mais de 12 mil casos foram investigados. Destes, 11.300 foram considerados explicáveis pelos suspeitos de sempre.[10] Nosso planeta irmão, Vênus, é dotado de grande claridade por volta do nascer e do pôr do sol. As aeronaves podem parecer estacionadas quando se movem na direção do espectador, até "subitamente" desaparecerem. Balões, aves, meteoros e fenômenos atmosféricos conhecidos figuram na lista de explicações. No fim das contas, apenas setecentos avistamentos (cerca de 6% do total) desafiavam uma explicação. E às vezes esse desafio simplesmente se resumia ao fato de não haver informação suficiente sequer para articular uma tentativa coerente de explicação.

Em 1966, enquanto o Projeto Livro Azul se arrastava, outro aumento de avistamentos de UFOs levou à formação de uma investigação não militar e de cunho acadêmico (embora fosse financiada pelo governo). O físico Edward Condon, da Universidade do Colorado, em Boulder, foi o escolhido para dirigir os esforços. O plano era conferir aos casos do Projeto Livro Azul um outro olhar, puramente científico, para responder a uma questão simples: havia alguma coisa relacionada aos UFOs que fosse do interesse genuíno da ciência (por exemplo, visitas de civilizações alienígenas incrivelmente avançadas)? Depois de dois anos vasculhando nos arquivos do Projeto Livro Azul e tentando analisar possíveis explicações, o Comitê Condon publicou um relatório concluindo que os UFOs, na verdade, não eram do interesse da ciência. O comitê não viu esquisitices o bastante para concluir que havia em jogo outro fenômeno que não o da Física, já muito estudado e documentado. Alguns meses após a publicação, a Sociedade Americana para o Avanço da Ciência endossou os achados do comitê, de modo que o Relatório Condon se tornou a resposta científica oficial aos UFOs nas décadas seguintes. Se alguém tocava no assunto, a comunidade científica citava o Relatório Condon, e o assunto era deixado de lado.

Contudo, nem todo mundo embarcou nessa conclusão, e logo surgiram perguntas sobre a imparcialidade científica do Comitê Condon. O respeitado físico atmosférico James E. McDonald, em particular, criticou duramente o relatório. McDonald estava plenamente convencido de que o trabalho do comitê (assim como os esforços anteriores da Força Aérea) era cientificamente muito fraco. Segundo ele, importantes evidências dos casos mais interessantes não foram observadas com rigor, e testemunhas oculares cruciais não foram acionadas diretamente. A crítica de McDonald continuaria a ecoar pelos anos até hoje, clamando por uma ciência mais rigorosa sobre os UFOs.

Há duas lições valiosas a tirar dessa história de comissões, seminários e programas governamentais. A primeira é que apenas uma fração dos objetos não identificados vistos no céu desafia tentativas subsequentes de identificação. A segunda é que, durante as duas primeiras décadas dos avistamentos de UFOs, o governo americano de fato economizou na franqueza em relação às preocupações do povo. É perfeitamente possível duvidar que os UFOs tenham algo a ver com os aliens (como é o meu caso) e ao mesmo tempo reconhecer que o governo agiu de forma dúbia a respeito. Se o objetivo era manter os russos no escuro quanto à tecnologia americana ou ao que os americanos sabiam da tecnologia deles, Washington tirou nota 10 na prova de desinformação sobre UFOs.

No entanto, por volta dos anos 1990, finda a Guerra Fria, o governo publicou novos relatórios que tentavam acertar as contas com o fato de não ter acertado as contas nos anos 1950 e 1960. Em particular, um relatório de 1997 admitia que o incidente em Roswell fora de fato um acobertamento do governo. Em resumo, dizia: “Sim, na época mentimos sobre o 'balão meteorológico', porque ele, na verdade, era um projeto de detecção de armas atômicas secreto chamado Projeto Magnata [Mogul]". O campo da ufologia pró-alien não se impressionou. Estava claro que os esforços do governo dos Estados Unidos para permitir a proliferação de desinformação sobre os UFOs eram propositais, mas apenas temporários. Foram uma resposta direta à paranoia geopolítica da Guerra Fria. Portanto, assim que essa era acabou, ao menos alguns membros do governo saíram do script para dizer "Opa, foi mal!".

Há uma lição mais geral a ser tirada de todos esses relatórios, uma lição que se manteve válida ao longo do tempo. A maioria dos avistamentos públicos de UFOs tem explicações mundanas. No entanto, na longa história dos avistamentos de UFOs, sempre houve ao menos um punhado de casos que, quando examinados com mais calma, parecem estranhos o bastante para provocar ceticismo. Isso não significa que eles têm algo a ver com aliens, mas significa que talvez valha a pena investigá-los cientificamente. O problema é que a combinação entre o obscurantismo do governo e a conspiração dos ufólogos de plantão acabou se espalhando para a SETI. Como veremos, a incredulidade associada aos UFOs tornou-se culpada de associação e, mais de uma vez, quase matou os esforços científicos da SETI. Só agora, finalmente, graças a uma série de descobertas esplêndidas, como a dos exoplanetas, é que o campo da Astrobiologia como um todo está saindo das sombras.

Invasão dos extraterrestres da cultura pop

Eles estão aqui!

Se quisermos entender as forças que moldam a Astrobiologia e a busca pela vida *neste exato momento*, precisamos ir além das descobertas científicas. Os avistamentos de UFOs e os relatórios do governo americano não eram apenas notícias; eram também forças mudando a sociedade. Os cientistas são seres humanos moldados pela cultura em que cresceram, assim como os políticos que financiam a ciência e os comandantes militares que se preocupam com eventuais ameaças.

Isso significa que, na verdade, há dois tipos de aliens: os que podem ou não viver em planetas distantes e os que vivem em nossas cabeças.

Assim que a era nuclear e a era espacial foram deflagradas nos anos 1950, os aliens começaram sua invasão insidiosa de nosso espaço mental coletivo e cultural. E nós não oferecemos tanta resistência assim. Nos setenta anos após Roswell, a vida extraterrestre foi veiculada em todos os meios, de filmes de super-heróis da Marvel aos podcasts de Ezra Klein. Se quisermos saber para onde a pesquisa científica da vida cósmica está se encaminhando agora, também precisamos entender como aqueles outros aliens acabaram dominando nosso cérebro. Dizem que a vida imita a arte e vice-versa. Essa é uma dupla verdade quando se trata da vida no universo: nossas ideias sobre os extraterrestres são influenciadas, de uma forma ou de outra, pelos aliens que vieram a figurar em nossa imaginação coletiva.

Antes da Segunda Guerra Mundial, era difícil achar extraterrestres. Além das revistas de ficção científica como *Amazing Stories* ou dos gibis bregas de Flash Gordon, não havia muitas brechas para o espaço sideral ou para os aliens nos filmes ou na rádio (a mídia popular predominante na época). No entanto, a guerra juntou dois avanços significativos, que inseriram o espaço sideral e a vida alienígena na cultura popular. O primeiro se deu depois que a União Soviética detonou suas próprias bombas atômica e termonuclear em 1949 e 1953, mostrando que a aniquilação instantânea de toda a civilização humana era uma possibilidade real. As armas nucleares eram uma prova dos poderes divinos que a tecnologia era capaz de desencadear.

O segundo avanço — e talvez mais importante para os aliens que habitam nossa mente — foi o advento de foguetes potentes. Os alemães inventaram os mísseis V-1 e V-2, que fizeram chover medo e morte sobre Londres. Com a Guerra Fria esquentando nos anos 1950, tanto os Estados Unidos quanto a União Soviética levaram essa arte ao limite, desenvolvendo mísseis balísticos intercontinentais (ICBMs, na sigla em inglês), capazes de atirar ogivas no espaço e fazê-las desabar sobre alvos do outro lado do mundo. Os ICBMs logo assumiram o posto de cavalos de batalha dos programas espaciais das duas nações. O primeiro satélite artificial da Terra, o russo *Sputnik 1*, foi lançado usando um ICBM modificado, em 1957.

Depois, em 1961, os soviéticos usaram o mesmo tipo de foguete para lançar o primeiro humano na órbita terrestre, Yuri Gagarin. Em 1962, os Estados Unidos finalmente saíram da retaguarda ao usar um ICBM modificado para conduzir a espaçonave *Mariner 2* até Vênus, na primeira missão até outro planeta.

Por um lado, as pessoas surtavam sobre a possibilidade de incineração nuclear, enquanto, por outro, testemunhavam a infinita fronteira espacial sendo escancarada. Era coisa demais para a cabeça. Para piorar, relatórios de avistamentos de UFOs começaram a pipocar nos jornais. Hollywood, sendo Hollywood, fez sua previsão e decidiu que os aliens poderiam ser usados para gerar fluxo de caixa positivo.

A partir do início dos anos 1950, a viagem espacial e os aliens capazes de viajar de planeta em planeta começaram a aparecer nas principais produções dos estúdios. Muitos desses filmes eram baratos e com títulos fáceis de esquecer, como *O homem do Planeta X*, *A garota diabólica de Marte* e *O monstro de um bilhão de olhos*. Você provavelmente nunca viu esses filmes, mas eu vi. No entanto, também havia filmes de aliens que faziam pensar e causaram grande impacto. *O dia em que a Terra parou* contava a história de Klaatu, um embaixador de outro planeta. Pousando uma espaçonave em forma de disco (é claro) em Washington, Klaatu e seu guarda-costas robô, empunhando uma pistola de raio mortal, tinham uma mensagem dura a transmitir aos humanos: corrijam o modo violento de vocês ou fiquem longe do espaço sideral. *Os invasores de corpos* foi o primeiro filme de invasão alienígena. Embora o filme também fosse uma alegoria sobre a conformidade política (estávamos na era da caça às bruxas, ou melhor, aos simpatizantes do comunismo), *Os invasores de corpos* foi a primeira versão em filme do conceito indelével e muitas vezes repetido de que os aliens são invasores mutantes. *Planeta proibido*, o melhor de todos, nos deu a ideia de uma civilização avançada sendo presa de forças poderosas, ao mesmo tempo que legava sua tecnologia para o usufruto de civilizações futuras. Esse tema foi adotado por inúmeros outros filmes, programas de TV e jogos de ficção científica. Como sou nerd, não consigo não citar alguns: *Star Trek*, *Stargate*, *The Expanse* e a incrível franquia de games *Mass Effect*.

Apesar da abundância de espaçonaves de papelão e fantasias baratas de aliens, as imagens de grande efeito e que faziam pensar acabaram invadindo a cultura pop. Seu poder molda até hoje nossas ideias coletivas sobre aliens e civilizações alienígenas.

A ficção científica estabeleceu uma série de conceitos e imagens sobre a vida no universo que tiveram efeitos tanto positivos quanto negativos em nossa situação atual. Em primeiro lugar, ela conscientizou as pessoas de que havia questões profundas sobre a vida extraterrestre que a ciência poderia um dia responder. Suas melhores produções suscitaram perguntas provocadoras. Por outro lado, todos aqueles terríveis filmes B fizeram o assunto parecer uma piada. Foi assim que nasceu o "fator risada" que acompanha qualquer menção à SETI, às tecnoassinaturas ou até mesmo à Astrobiologia, sempre arrematada com um levantar de sobrancelhas. Como veremos, no que tange aos "homenzinhos verdes", o "fator risada" transformou a SETI numa dinamite política que atravancou seu avanço por quase trinta anos.

Então, quando você pensa sobre aliens, precisa saber que eles não surgiram do nada. Eles são fruto de muitas décadas de sonhos culturais coletivos veiculados na mídia popular. Mantenha esses sonhos em mente enquanto tentamos despertar para a nova realidade da busca por vida alienígena, que está prestes a se tornar muito, muito real.

2

ENTÃO, COMO FAZEMOS?

Ideias críticas que moldaram — e ainda moldam — nossa busca por aliens

Depois de todos esses séculos gritando umas com as outras, as pessoas (bem, pelo menos os cientistas) enfim decidiram seriamente procurar por aliens no fim dos anos 1950 e começo dos anos 1960, quando se formava um conjunto de ideias fundacionais sobre como conduzir a busca por vida fora da Terra. Além disso, novas e radicais maneiras de pensar sobre *como pensar* a respeito dos aliens estavam sendo desenvolvidas. Aprender a pensar sistematicamente sobre a maneira como as civilizações alienígenas podem evoluir, se comportar e ser detectadas era um avanço crucial. Pode ser muito difícil encontrar alguma coisa quando você não tem ideia do que está procurando.

Neste capítulo, vamos discorrer sobre algumas dessas ideias já testadas pelo tempo. Faremos isso por duas razões. A primeira é que, se você realmente tem interesse na busca científica por vida fora de nosso planeta, de fato precisa saber de tudo isso. Zonas habitáveis, a escala de Kardashev, as esferas de Dyson… elas vão surgir repetidamente na nossa conversa. Seja a ciência dos exoplanetas, a origem da vida ou até mesmo os debates sobre os UFOs, esses conceitos são a base sobre a qual todo o resto é construído — e servem para fundamentar as coisas inteligentes que você diz na mesa de jantar.

É claro que, mais importante do que impressionar os amigos no bar, no estádio ou no coquetel, é entender por que essas ideias e essa história importam. A resposta é: a ciência é conservadora. Não no sentido de em quais candidatos os cientistas escolhem votar. O que quero dizer é que a ciência se agarra às suas melhores ideias. É muito difícil descobrir qualquer coisa a respeito do mundo, de modo que, quando um cientista surge com uma ideia útil ou que captura com clareza um processo complicado como, digamos, a evolução de civilizações avançadas, essa ideia tem um poder duradouro. Ela será usada mais e mais de uma vez. Será passada para a próxima geração de cientistas, que também a usarão mais e mais de uma vez, integrando-a ao seu pensamento e à sua prática de pesquisa. Se uma ideia é realmente boa, pode até se tornar a pedra angular para planos de missões telescópicas multibilionárias.

Mas não basta que uma ideia seja boa. Ela deve ter provas que passem num teste — isto é, que se conformem ao que os cientistas chamam de *padrões de evidência*. Os padrões são a chave. Tudo depende deles. O estofo da ciência é feito a partir deles. Infelizmente, os padrões de evidência não são muito empolgantes. Ninguém me convida para participar de um programa de entrevistas de fim de noite na televisão para que eu instigue e divirta o público com histórias sobre procedimentos adequados para obter dados precisos. No entanto, mais do que os buracos negros ou os saltos quânticos ou até mesmo a vida alienígena, os padrões de evidência são a ideia mais importante na ciência, porque são a razão pela qual a ciência funciona.

Aí é que está. A ciência moderna demorou um tempão para se formar. É frequente ouvirmos a história de que a ciência progrediu a partir do trabalho de gênios como Galileu e Newton, mas isso é só uma parte do que aconteceu. Para cada Einstein, houve centenas de pessoas para quem a História nem sequer ligou. Juntas, elas criaram redes de pensadores, matemáticos e experimentadores. Escreveram cartas que percorreram a Europa e o mundo. Visitaram as oficinas e os laboratórios uma das outras. Criaram instituições para o avanço da ciência, como a Real Sociedade da Inglaterra (fundada em 1660). E, mais importante, discutiram acaloradamente sobre a melhor maneira de conduzir experimentos em líquidos ferventes, novos modos de derivar fórmulas para rastrear cometas, e assim por diante.

Foi por meio dessas instituições e redes que as melhores práticas de pesquisa foram lenta e penosamente desenvolvidas. Parte dessas práticas, talvez a mais importante, foram as regras para deduzir conclusões a partir de evidências. Essas regras dizem o que conta como boa evidência e o que é bobagem. Elas dizem quando uma conclusão é sustentada por evidências e quando é uma fantasia que você realmente torcia para que fosse verdadeira, mas não tem nada a ver com a realidade.

Por que estou falando sobre isso? Porque os padrões de evidência são a diferença entre a ciência e a enganação. Se realmente quisermos responder à questão da vida no universo, precisaremos prestar muita atenção a esses padrões e não nos deixarmos enganar. Recentemente, a comunidade da Astrobiologia definiu diretrizes rigorosas para dizer o que conta ou não como detecção de vida.[1] A comunidade da SETI, anos atrás, foi pioneira em tais diretrizes. Os cientistas deram seu sangue e seu suor nelas porque queríamos ser explícitos sobre o que é necessário antes que uma equipe de pesquisa possa anunciar ao mundo: "Descobrimos!".

Digamos que meus colegas e eu aleguemos ter encontrado evidência de luzes piscantes num mundo a cinquenta anos-luz de distância. Nesse caso, as diretrizes para os padrões de evidência exigiriam que o sinal encontrado fosse muito mais forte do que o ruído usual que ocorre em qualquer observação astronômica. Exigiriam que analisássemos todas as maneiras como o nosso sinal poderia ter se originado com nossos instrumentos, e não no planeta alienígena. Depois, exigiriam que analisássemos todas as outras maneiras possíveis pelas quais esse tipo de sinal poderia ter sido produzido naturalmente (talvez por meio de níveis extremos de iluminação no planeta alienígena). Só quando todas essas possibilidades estivessem confirmadas é que poderíamos alegar que encontramos evidência de uma civilização alienígena. Mesmo assim, ainda esperaríamos que nossos colegas de profissão reagissem duramente, duvidando de cada um dos aspectos do que fizemos e do que alegamos. É assim que a ciência funciona, e, em relação a algo tão importante quanto a descoberta de aliens, ela deve mesmo proceder com rigor.

Um dos meus maiores problemas com a questão dos UFOs é que não existem padrões de evidência. Na maior parte do tempo, qualquer fotografia tremida ou relato de uma testemunha é considerado evidência de que há um alien entre nós. É claro que, na comunidade da ufologia, há pessoas que realmente se importam e prestam atenção aos padrões de evidência, mas é frequente elas se desviarem. O ruído é muito mais alto do que o sinal.

Começo este capítulo com uma incursão pela história e pela filosofia da ciência porque, na passagem da década de 1950 para a de 1960, um bocado de cientistas tentou tratar a questão alienígena com rigor. Surgiram tecnologias que possibilitaram as buscas, e, como cientistas, eles sabiam que os padrões de evidência seriam fundamentais para seu possível sucesso. Em nenhum outro lugar essa história fica mais explícita do que no heroico empreendimento inaugural da SETI, liderado pelo jovem e destemido Frank Drake.

Projeto Ozma
A primeira busca

Há uma boa razão pela qual a busca por vida fora da Terra nunca recebeu muita atenção na astronomia antes da Era Moderna. É que, sendo sincero, ela era impossível. Mesmo as estrelas mais próximas de nós não passam de pontos de luz nos melhores telescópios, e detectores sensíveis o bastante para encontrar planetas em volta dessas estrelas só começaram a aparecer nos anos 1990. Os poucos astrônomos então interessados na vida alienígena não tinham sequer como imaginar uma maneira científica de procurá-la. No começo foi proposto o uso de fogueiras imensas, arranjadas em formas geométricas, para enviar mensagens a criaturas inteligentes em planetas do nosso sistema solar, para que soubessem que estávamos aqui. Não surpreende que fogueiras do tamanho do Texas para atrair marcianos nunca tenham ganhado muito apoio. No entanto, no fim dos anos 1950, uma busca verdadeiramente científica pela vida alienígena enfim se tornou possível graças à nova tecnologia e ao projeto concebido por Frank Drake. Foram setenta anos para chegarmos até aqui, quando estamos prestes a levar a obra de Drake ao próximo estágio.

Fazer astronomia com ondas de rádio ainda era uma ideia bem recente na década de 1950. Até então, observar o céu significava usar um tipo de luz "óptica" de acordo com a evolução de nossos olhos.

No entanto, essa luz é apenas uma pequena parte do escopo eletromagnético inteiro. Todas as formas de luz são ondas eletromagnéticas viajando pelo espaço. A luz óptica que os seus olhos usam tem um comprimento de onda relativamente curto (a distância da crista de uma onda à outra). Por exemplo, a luz azul tem um comprimento de onda medido em centenas de milhares de uma polegada. As ondas de rádio também são leves, mas têm comprimentos de onda maiores — o maior do espectro eletromagnético, indo do tamanho de um punho até o de um arranha-céu, ou além disso. A partir de fins da década de 1940, os astrônomos descobriram como construir telescópios para observar o céu usando ondas de rádio. No fim dos anos 1950, o governo se juntou à brincadeira, dando dinheiro para a construção dos enormes discos que todos reconhecem hoje como radiotelescópios.

Em 1958, três anos antes de criar a famosa equação que leva seu nome, Frank Drake nem bem tinha obtido seu doutorado em radioastronomia e começara a trabalhar no recém-fundado Observatório de Green Bank, na Virgínia Ocidental. O radiotelescópio de Green Bank ainda estava em construção quando ele chegou, e seus colegas planejavam usar o novo dispositivo para estudar tudo, desde a estrutura de nossa galáxia às estrelas em explosão. Drake queria se unir a essa iniciativa, mas secretamente mirava outro alvo. Enquanto Drake fazia seu doutorado, conheceu o famoso astrônomo Otto Struve. Na época, Struve era um dos poucos interessados na questão de outras vidas no universo. Ao contrário de muitos dos colegas, Struve acreditava que os planetas eram algo comum e pensava que parte desses mundos alienígenas poderia abrigar suas próprias formas de vida. Com seu exemplo, Struve convenceu Drake de que buscar por vida era um problema válido no qual os astrônomos podiam — e deveriam — se debruçar. Drake chegou a Green Bank com o desejo de enfrentar ele mesmo o problema.

O grande radiotelescópio que Drake via pela janela do escritório era a ferramenta perfeita para suas ambições. Uma vez que as ondas de rádio têm comprimentos de onda tão grandes, são capazes de viajar pelo espaço sem ser absorvidas (ofuscadas) por partículas de pó interestelar, ao contrário da luz óptica. Isso significava que mesmo sinais de rádio muito fracos podiam viajar por longas distâncias sem ser impedidos. Os radiotelescópios, mesmo na versão inicial que Drake tinha à disposição, também são muito sensíveis, o que significa que podem detectar aqueles sinais muito fracos. Então, para Drake, os próximos passos eram claros.

Ele esboçou o plano, fazendo a si mesmo uma pergunta objetiva. Usando um telescópio parecido com o que tinha à disposição, quão distante um alienígena poderia estar para conseguir enxergar a Terra? Usar a Terra como ponto de partida era fazer boa ciência. Em vez de imaginar aliens superdotados, Drake começou com o que sabíamos existir: níveis humanos de radiotecnologia. Ao fazer o cálculo, descobriu que os transmissores de rádio mais potentes da Terra podiam ser detectados com um radiotelescópio do tamanho de Green Bank a cerca de dez anos-luz. Isso lhe deu um parâmetro de busca. Depois, ele modificou a pergunta para obter alvos reais. Havia alguma estrela parecida com o Sol a uma distância de dez anos-luz? Ele enquadrou a pergunta dessa forma para chegar à afirmação cientificamente conservadora de que a existência de vida lá fora exigiria condições similares àquelas da vida na Terra. Já que na época não havia como saber se uma estrela possuía planetas parecidos com a Terra orbitando ao seu redor (os exoplanetas só seriam descobertos em 1995), Drake fez o melhor que pôde e concentrou seus esforços em estrelas parecidas com o Sol. Procurou análogos solares nos mapas celestes dentro de dez anos-luz e escolheu dois deles. O primeiro era a estrela Tau Ceti, na constelação de Cetus (a Baleia). O segundo era a Epsilon Eridani, uma estrela na constelação de Eridanus (o Rio). Eram similares ao Sol em tamanho, massa e temperatura.

O problema seguinte não era científico, mas político. Será que ele conseguiria fazer os colegas do observatório aderirem a algo aparentemente tão maluco quanto a busca por civilizações alienígenas? Na época, o campo da Astrobiologia não existia. A astronomia era o estudo de objetos celestes inertes (mortos). Considerar a existência de vida em outros mundos, para a maioria dos astrônomos, era por si só um grande voo (não científico) de imaginação. Por que então desperdiçar tempo pensando numa pergunta à qual não era possível responder? Toda aquela mania de UFOs e aliens com olhos de inseto dos filmes B da época também não colaborava. A maior parte dos cientistas sérios não queria saber de imaginar civilizações em outros planetas. O "fator risada" vivia seu auge.

Por sorte, o pequeno grupo de astrônomos de Green Bank tinha a mente aberta. Drake vendeu a ideia da busca de inteligência extraterrestre (isto é, sinais de uma origem não natural) numa tarde regada a hambúrguer e batata frita numa lanchonete da região. Seus colegas gostaram da ideia. De repente, Drake tinha nas mãos um projeto de pesquisa de verdade. Batizou a sua busca de Projeto Ozma, em homenagem à princesa dos romances de L. Frank Baum sobre o reino de Oz (Drake era grande fã dessas histórias).

O Projeto Ozma funcionou nos dias heroicos da experimentação científica em que com frequência era preciso projetar e construir tudo com as próprias mãos. Drake agiu assim também para evitar que o criticassem por gastar dinheiro demais num projeto como aquele. Mas a radioastronomia era um negócio bem dependente de parafernália técnica naquela época. Assim como a engenharia de som nos primórdios das gravações de discos de blues e rock, lidava basicamente com afinadores e amplificadores eletrônicos. No entanto, em vez de capturar o lamento da guitarra de Muddy Waters, Drake e seus colegas estavam tentando sintonizar ondas fracas emitidas por uma estrela a dez anos-luz de distância.

O Projeto Ozma durou de abril a julho de 1960. Não encontrou nenhum sinal de origem alienígena. Mas o fracasso em descobrir inteligência extraterrestre não significa que o projeto *em si* fracassou. Quando a notícia se espalhou, o mundo todo aguçou os ouvidos. O jovem e desengonçado Frank Drake passou a receber um fluxo de visitantes regulares enquanto conduzia sua caça aos alienígenas. Homens de negócios, teólogos renomados e jornalistas conhecidos foram até Green Bank para ver o que estava acontecendo. Drake e seu projeto estamparam manchetes nos jornais e na TV do mundo inteiro porque, mesmo na época, o mundo se interessava por aliens. De repente, a pergunta sobre vida extraterrestre — discutida em bares, escolas e fogueiras ao longo da história e por todo o globo terrestre — parecia ter uma chance de ser respondida. O Projeto Ozma atraiu a atenção geral porque se equilibrava num limiar que estamos apenas começando a cruzar.

Em retrospecto, é difícil explicar o quanto o Projeto Ozma significou por cruzar esse limiar ou o quanto o jovem Drake foi corajoso em nos levar junto com ele. Nunca antes houve qualquer tipo de busca por qualquer tipo de vida fora do sistema solar. Drake teve que criar esse campo de estudo do zero e lhe conferir uma metodologia que satisfizesse todos aqueles padrões de evidência. Assim que o limiar foi cruzado, não havia mais como voltar atrás. Drake conduziu a humanidade de uma infância planetária a uma adolescência cósmica. De repente, nos tornávamos capazes de encontrar, ainda que de forma rudimentar, outros seres como nós num vasto oceano de estrelas. De repente, podíamos fazer mais do que sonhar trocar algumas palavras com outras inteligências que, assim como nós, observavam as estrelas e se perguntavam como e por quê.

Nas décadas seguintes ao Projeto Ozma, a Astrobiologia passou de um tema marginal a um respeitável campo de pesquisa. Ao longo dos anos 1960 e 1970, a Nasa enviou missões aos planetas de nosso sistema solar. Com esses esforços, criou-se alguma esperança de que viéssemos a encontrar evidências de ao menos uma vida microbiana em algum lugar; Marte era o alvo principal. Mas, chegados os anos 1980, essas esperanças se frustraram, e a já reduzida comunidade que pensava haver vida simples no universo permaneceu pequena e sem meios de subsistência. O grupo de cientistas que queria pensar a vida inteligente e as possibilidades de inteligência ficou ainda menor. Embora o Projeto Ozma tenha colocado a SETI para funcionar, a iniciativa nunca ganhou tração na comunidade astronômica. Como veremos, parte do problema é que a SETI se tornou uma disputa política na década de 1980. No começo da década seguinte, a Astrobiologia não se achava sequer nas fronteiras da ciência, que dirá a SETI, que vivia às suas margens.

Hoje, no entanto, graças às revoluções que iremos explorar no decorrer deste livro, a busca por vida se tornou uma das prioridades da Nasa, que investe bilhões de dólares no desenvolvimento da nova geração de telescópios espaciais. Em 2020, a comunidade astronômica, sob os auspícios da Academia Nacional de Ciência dos Estados Unidos (NAS), produziu seu mais recente "Levantamento de Astronomia e Astrofísica", realizado a cada dez anos, definindo as prioridades para as novas missões. No topo da lista constava o que às vezes se chama de Observatório de Mundos Habitáveis, uma missão para estudar exoplanetas e encontrar vida.* Em algumas décadas, essa missão virá a substituir o Telescópio Espacial James Webb. E é nesse contexto que o feito de Drake deve ser compreendido. Não se trata apenas de ele ter iniciado o funcionamento da SETI; Drake concebeu e conduziu a primeira investigação científica de observação astrobiológica. Suas ferramentas eram limitadas, e o entendimento astronômico da época impôs graves limitações aos tipos de pesquisa que podiam ser feitos. Entretanto, hoje essas limitações não existem mais, pois foram implodidas pelos espetaculares avanços científicos vistos nas últimas décadas. É por isso que finalmente estamos preparados para começar seriamente nossa busca.

O pioneirismo de Drake no Projeto Ozma representa um marco histórico. Daqui a muitos anos, quando nossa espécie talvez ocupar um assento na Federação de Culturas Galácticas, Drake e o Projeto Ozma ainda serão lembrados como o momento em que tudo começou.

Zonas habitáveis

Cachinhos Dourados em órbita

Com o Projeto Ozma, Frank Drake deu a partida na busca por inteligência extraterrestre. No entanto, a ciência trabalha alternando teoria e experimentação (ou observação). Não lhe basta apontar um telescópio para o céu e fazer anotações. Por fim, para se sofisticar e aumentar a probabilidade de que a busca tenha êxito, é preciso saber o que é que se está procurando. É aí que entra a teoria. O dever dos teóricos é usar a Física para prever o que é possível no universo, o que é expresso em leis matemáticas de grande beleza. São realmente

---

* A aparência definitiva desse telescópio e o seu nome de batismo ainda estão em deliberação. O comitê realizado a cada dez anos analisou várias propostas. Contudo, o que importa é que o relatório apostou tudo na construção de um artefato focado em exoplanetas e Astrobiologia.

tão bonitas quanto os compassos iniciais de *A Love Supreme*, de John Coltrane, ou "Heartbreaker", do Led Zeppelin.

Para continuar com o Projeto Ozma, a SETI precisava de uma nova fundamentação teórica. Precisava de cientistas que lhe fornecessem conceitos teóricos (ideias) que moldassem as buscas fora do âmbito do Projeto Ozma. Nesta e nas próximas duas seções deste livro, vamos desmistificar os conceitos-chave estabelecidos nos anos pós-Ozma. As esferas de Dyson, a escala de Kardashev, as zonas habitáveis (este capítulo) foram a fundação sobre a qual as buscas futuras da SETI foram construídas e por meio das quais as discussões futuras da SETI seriam desenvolvidas. Também poderíamos incluir o paradoxo de Fermi e a equação de Drake nesta aula de conceitos inaugurais da busca alienígena. Essas ideias continuam a exercer grande impacto mesmo hoje, quando as buscas por rádio da SETI, à maneira do Projeto Ozma, tornaram-se parte da expansão dos estudos de bio e tecnoassinaturas. Essas ideias também se fazem presentes quando as pessoas dizem que os UFOs são alienígenas; esses aliens precisam ter vindo de algum lugar, e os conceitos mencionados constituem o melhor do pensamento humano sobre a questão.

Começaremos com uma simples observação a respeito das fronteiras da ciência. Às vezes, inventar é a coisa mais esperta que um cientista pode fazer. Quando o Projeto Ozma estava chegando ao fim, em 1960, não havia muita gente tentando descobrir como devia ser a busca científica por vida extraterrestre. Naquela época, se você fosse um cientista e pensasse: "Precisamos fazer alguma coisa sobre a questão da vida alienígena", você estaria sozinho. Em resposta, os poucos pesquisadores que se importavam com isso faziam o que os cientistas sempre fazem quando se encontram à beira do desconhecido: inventavam. Imaginavam uma escada e subiam nela.

A essência da boa ciência é uma imaginação comedida. Os astrônomos precisam de delimitadores para garantir que seu pensamento não se extravie para o domínio do impossível ou do puramente fantasioso. Para fazer as pessoas abraçarem suas ideias, os pesquisadores precisam pegar as leis da natureza — como o funcionamento da gravidade ou da Química — e usá-las para construir degraus que possam suportar seu peso à medida que galgam na direção do desconhecido. Esse é o ponto de equilíbrio entre ter uma ideia e ir a campo para coletar dados (observação ou experimentação). O astrofísico sino-americano Su-Shu Huang tomou esse caminho em 1959,[2] quando propôs que toda estrela está cercada por uma *zona habitável*, essencial para a busca por vida. Uma zona habitável é o lote imobiliário dentro de um sistema solar, descrito em termos de órbitas planetárias, onde a vida pode se formar. Essa ideia diz aos astrônomos onde, num sistema solar alienígena, eles devem gastar seu tempo procurando vida.

Qual era o grande princípio limitador da grande ideia de Huang? A resposta é simples: a água. Considerando a longa história da Terra, a vida e a água parecem ser inseparáveis. Quando os cientistas observam como a Química se comporta, não veem nada que satisfaça as exigências da formação de vida como a água. A água é o solvente perfeito. Tantos são os elementos químicos que se dissolvem nela que não há nada parecido com a água como meio para a mágica da vida.

Ainda assim, é totalmente *possível* que alguma forma de vida por aí afora use algo diferente de água como seu fundamento químico, e os cientistas precisam realmente explorar essa possibilidade. Por ora, o que importa é o seguinte: se você está começando do zero, criando vida a partir do nada, sua melhor aposta é a água. O que nos remete mais uma vez à ideia de ouro de Huang.

A temperatura na superfície de qualquer planeta depende de dois fatores: a distância entre o planeta e sua estrela e quanta energia essa estrela produz, o que chamamos de luminosidade. Primeiro, vamos ver a questão da distância. Se um planeta fica realmente muito perto de sua estrela-mãe, sua superfície será escaldante. Será banhada por rios revoltos de radiação estelar dia após dia, tornando o planeta um inferno vivo (certo, um inferno *não* vivo). Por outro lado, se o planeta fica muito longe de sua estrela, sua superfície será congelante e inabitável, e sua estrela, apenas uma mancha apagada no fundo do céu.

Agora vamos pensar no problema da luminosidade estelar. A luminosidade de uma estrela é dada pela velocidade com que a fusão termonuclear emite energia. Estrelas muito luminosas produzem uma quantidade imensa de energia em comparação com uma estrela de tamanho similar, mas de menor luminosidade. Isso significa que um planeta pode orbitar, de muito longe, uma estrela bastante luminosa e ainda assim possuir uma superfície quente. Por outro lado, um planeta que orbite ao redor de uma estrela de baixa luminosidade ainda será congelante, a não ser que a estrela esteja colada em sua órbita. A Terra leva 365 dias para orbitar ao redor do Sol. Os planetas que ficam perto de estrelas de baixa luminosidade têm superfícies habitáveis apenas se levarem semanas para orbitar ao redor da estrela. Um ano inteiro dentro de umas poucas semanas... é o que quero dizer por "colada em sua órbita". A título de comparação, Mercúrio, cuja superfície queima a 700 graus Fahrenheit [371 °C], é o planeta mais próximo do nosso Sol. Levam-se 86 dias para completar uma volta em sua órbita. Para obter uma temperatura confortável num planeta que fica perto de uma dessas estrelas frias, seria preciso que esse mundo ficasse dez vezes mais perto de Mercúrio do que do Sol.

Considerando tudo isso, se você me der uma estrela e um planeta e me informar a distância da órbita do planeta e a luminosidade da estrela (sua produção de energia), posso lhe dizer a temperatura da superfície desse planeta. Posso lhe dizer se o planeta é uma bola de neve, um deserto abrasador ou um meio-termo, como o nosso adorável planeta. Esse é um exemplo bem legal de Astrofísica básica.

Usando essa mágica astrofísica, Su-Shu Huang descobriu como encontrar a faixa de órbitas ao redor de uma estrela em cuja superfície possa existir água em estado líquido. A borda interior da faixa é onde a superfície do planeta é tão quente que faria a água ferver. A borda exterior é onde a superfície do planeta é tão fria que faria a água congelar. Num planeta longe desses dois extremos, presumindo que possua uma atmosfera, você pode despejar um copo de água no solo e ela se concentrará ali, numa poça. Nessa pocinha talvez, apenas talvez, possa vir a se formar vida.

A zona habitável era uma ideia simples e pioneira, e, como toda ideia simples e pioneira na ciência, teve o poder de moldar o futuro. Hoje, os astrobiólogos usam esse conceito como base para quase toda a busca por vida alienígena. Nada faz o coração de um astrônomo bater mais rápido do que a descoberta de um mundo parecido com a Terra numa zona habitável. É o grande prêmio. O que todo mundo procura. As zonas habitáveis foram um dos primeiros conceitos da busca por vida no universo. Venceram o teste do tempo e continuam a nos dizer para onde devemos dirigir nossas buscas.

As Esferas de Dyson

Os alienígenas capricham nas megaestruturas

Na ciência, não há muitos termos mais divertidos de falar em voz alta que "megaestrutura alienígena", e o mais legal é que essas duas palavras têm aparecido recentemente no noticiário para descrever a busca por civilizações alienígenas. Mas o que exatamente é uma megaestrutura alienígena, e por que cientistas sérios estão escrevendo artigos sobre isso? A resposta nos faz voltar a 1960 e nos remete a uma série de artigos escritos pelo grande físico teórico Freeman Dyson.

Dyson conquistou sua reputação ao ajudar a desenvolver a teoria quântica sobre a interação dos elétrons com a luz. É o tipo de coisa que rende um Prêmio Nobel (o que aconteceu com ele). Mas Dyson também era o tipo de cientista cuja curiosidade o levava longe, com frequência para além do domínio do pensamento científico comum. Depois que Frank Drake começou a buscar alienígenas, Freeman Dyson passou a se perguntar o que aquele tipo de busca poderia revelar. Sendo um físico teórico, Dyson tentou imaginar até onde a tecnologia avançada poderia levar uma civilização alienígena. A abordagem de Dyson representou uma das primeiras tentativas importantes de usar a Física como ferramenta para imaginar a trajetória de civilizações tecnológicas avançadas.

A *energia* é um dos conceitos mais básicos da Física teórica. É definida como a capacidade de operar trabalho. Qualquer coisa que aconteça no mundo físico exige o uso de energia. Dyson percebeu que a energia sempre será o único fator limitante nas capacidades de uma civilização. Quanto mais energia você tem à sua disposição, mais coisas consegue fazer. Já que a vida, para se formar, provavelmente requer a superfície de um planeta, Dyson também percebeu que toda civilização deve nascer perto de um gerador de energia titânico (isto é, uma estrela). O nosso é o Sol. Uma estrela típica produz cerca de

100 milhões de bilhões de bilhões de watts de energia. O que é 1 milhão de vezes mais energia a cada segundo do que todas as estações de energia elétrica da Terra produzem num ano.[3] Dyson argumentou que seria natural que as civilizações, em algum momento, tentassem coletar toda a energia sendo emitida de sua estrela-mãe e, portanto, ele buscou descobrir em detalhes como elas poderiam fazer isso.

Como é frequente na SETI, a ficção científica serve de inspiração para a ciência. A partir de ideias tiradas do romance *Star Maker* [Fazedor de estrelas], escrito por Olaf Stapledon nos anos 1930, Dyson imaginou uma estrutura feita de coletores de luz orbital que cercaria o sol de determinada civilização. Esses coletores seriam basicamente uma espécie de painel solar capaz de reunir a produção de energia da estrela. Capturar a maior parte da energia de um sol exigiria uma fileira de coletores tão vasta que teria o tamanho do sistema solar, ou, em outras palavras, uma *megaestrutura* (embora esse termo só tenha entrado na moda recentemente). Uma única dessas megaestruturas, quase uma máquina gigante, poderia ser bem maior do que um planeta. Dyson imaginou uma estrela cercada de muitas dessas máquinas captando radiação estelar e usando-a para abastecer uma civilização.

Dyson notou que as leis da Física, em especial a famosa segunda lei da termodinâmica, faria com que os coletores de energia se aquecessem à medida que processassem a radiação solar. A segunda lei diz que, sempre que se reúne e usa energia, há algum desperdício. Quando se usa uma quantidade de combustível num carro, somente parte dessa energia vai de fato para o trabalho de movimentar as rodas. Esse calor, que não faz nada de útil, é uma consequência da segunda lei da termodinâmica. No caso da ideia de Dyson, a segunda lei nos mostra que os coletores acabariam se aquecendo ao captar e acondicionar a luz do Sol. Conforme esquentassem, os coletores também começariam a brilhar fortemente, na parte infravermelha do espectro. Sua temperatura corporal também está fazendo você brilhar em infravermelho agora, mas só seria possível ver a transformação com aqueles óculos de visão noturna.

O cálculo de Dyson mostrava que o brilho infravermelho dessa megaestrutura de coleta de luz estelar poderia ser visto através do espaço sideral ou até mesmo de distâncias intergalácticas. Em outras palavras: se alguma civilização constrói megaestruturas de coleta de energia à maneira descrita por Dyson, as leis da Física dizem que essas megaestruturas são detectáveis em sua radiação infravermelha. Seríamos capazes de vê-las. Foi por isso que essa ideia se espalhou tão rápido entre os pesquisadores da SETI: agora eles tinham para onde olhar. Logo uma expressão nova, as *esferas de Dyson*, começou a aparecer em artigos científicos.

O que os astrônomos querem dizer com "esfera de Dyson"? Imagine uma concha enorme, como uma bola de pingue-pongue do tamanho da órbita da Terra, cercando e obstruindo completamente o Sol. O interior da esfera estaria coberto com painéis solares ou outra tecnologia de coleta de luz. Se o raio da esfera equivale a uma órbita da Terra, então a superfície de seu lado interno teria cerca de 1 bilhão de vezes a área da superfície da Terra. É tanto metro quadrado que alguns pesquisadores chegaram a sugerir que as civilizações talvez usassem apenas uma mera fração de sua esfera de Dyson para viver. Quantos aliens caberiam em 1 bilhão de planetas Terra? É uma sugestão fascinante.

Seria mesmo possível construir uma esfera de Dyson? Trata-se de algo fisicamente possível? Os cientistas adoram essas coisas. Ao longo dos anos, foram publicados muitos artigos contendo cálculos para a construção de uma esfera de Dyson. Eles descobriram que, para erguer uma concha da espessura de 1,6 quilômetro com uma circunferência do tamanho da órbita da Terra, seria necessário moer toda a massa contida em todos os planetas do sistema solar. Depois, toda essa massa teria que ser processada e usada na fabricação dos componentes da esfera de Dyson. Embora isso pareça ser o equivalente alienígena de fazer mais de uma viagem à loja de ferragens, pelo menos é factível. Um sistema solar típico *possui* o material necessário para realizar o trabalho. Essa conclusão significava que, mesmo que as esferas de Dyson soassem como um produto da ficção científica, não eram um produto da imaginação. Construir uma dessas esferas exige habilidades que nós não temos, mas não violaria as leis da Física.

Só tem um problema: as esferas de Dyson não poderiam ser esferas propriamente ditas. Após percorrer todas as leis da Física, os pesquisadores descobriram que uma gigante bola oca com um sol em seu centro seria gravitacionalmente instável. Com um só peteleco, a esfera penderia para um dos lados, até se chocar com sua estrela. O que seria bem legal de assistir, embora sem dúvida causasse mais de um problema.

É claro que qualquer civilização com os macetes tecnológicos para construir um desses monstros provavelmente também saberia lidar com a questão da instabilidade. No entanto, esses problemas levaram a maioria dos pesquisadores (incluindo Dyson) a concluir que uma única esfera de Dyson faz menos sentido do que um *enxame* de Dyson, uma gigantesca coleção de máquinas orbitais independentes que, juntas, não imporiam os mesmos problemas que os de uma concha completamente fechada. Um enxame de Dyson ainda bombearia radiação infravermelha, mas não ofuscaria a estrela por completo. Esse argumento voltará a ter importância mais à frente, porque foi exatamente o que levou uma pessoa a achar que tinha descoberto uma megaestrutura em 2014. Chegaremos lá.

As esferas de Dyson foram, literalmente, a mãe de todas as megaestruturas. Foram a primeira ideia de um artefato de grande escala para a observação de civilizações alienígenas através de distâncias interestelares a aparecer na literatura científica. O mais importante é que a ideia perdurou. Mesmo que as esferas tenham dado lugar a enxames (ou até mesmo a *anéis* de Dyson), forneceram aos astrônomos a primeira oportunidade de pensar na *astroengenharia*. Com tempo e progresso tecnológico suficientes, até onde uma civilização pode chegar? A questão continua a moldar a maneira como os astrônomos pensam hoje, enquanto nossas buscas entram em sua fase mais promissora.[4]

A escala de Kardashev

Como medir uma civilização alienígena

Dyson fez os astrônomos pensarem em projetos de engenharia do tamanho de um sistema solar. Foi um passo importante, porque abriu a porta para a próxima pergunta: o que significa uma civilização se tornar mais "avançada", talvez avançada o bastante para projetar um enxame de Dyson ou até coisa melhor? É uma pergunta que qualquer teoria das civilizações alienígenas deve fazer. É também uma pergunta que paira sobre o nosso próprio futuro — se é que temos um. Como é que as civilizações tecnológicas evoluem por milhares, centenas de milhares, ou até mesmo centenas de milhões de anos? Abordar a questão foi o que deu aos teóricos da SETI uma de suas ideias mais duradouras: a escala de Kardashev.

Com tempo e progresso tecnológico suficientes, o que civilizações como a nossa se tornam? A Revolução Industrial na Terra tem só alguns séculos de vida, de modo que pensar nessa pergunta representa um desafio para a nossa imaginação. No começo dos anos 1960, quando a SETI apenas começava, reconhecia-se que prever a evolução da tecnologia alienígena ia de mãos dadas com *encontrar* alienígenas. Mais uma vez, se você não sabe o que está procurando, terá dificuldade em achá-lo. É uma tarefa em que meus colegas e eu ainda estamos trabalhando.

O pioneiro da SETI na Rússia, Nikolai Kardashev, foi o primeiro a atacar o problema de frente quando, em 1964, tentou formular um ponto de vista sobre o quanto uma civilização pode evoluir. Embora os Estados Unidos tenham saído na frente com a SETI na figura de Frank Drake e seu Projeto Ozma, os cientistas da União Soviética não estavam muito atrás. Com a vantagem do lançamento de um humano na órbita, os russos estavam tão contentes e otimistas com a possibilidade de civilizações alienígenas quanto seus oponentes americanos. Havia até mesmo certa paranoia nos governos de ambos os parceiros da dança da Guerra Fria, como quem faria contato com aliens primeiro e, assim, ganharia a dianteira da corrida militar. A busca por vida extraterrestre inteligente, portanto, também tinha sérios defensores na Rússia, que faziam então um trabalho científico criativo.

Kardashev era radioastrônomo, assim como Frank Drake. Observador por profissão, iniciou seu trabalho buscando uma maneira de classificar as civilizações a partir dos sinais que poderiam produzir (o que hoje chamamos de tecnoassinaturas). No entanto, tal como aconteceu com Drake e sua equação, Kardashev e sua tabela de classificação se tornaram muito mais importantes do que sua intenção original poderia imaginar. A escala de Kardashev, saída de seus artigos, tornou-se um arquétipo para o pensamento científico sobre a evolução a longo prazo das civilizações.

A escala de Kardashev se baseava na crença de que toda civilização tecnológica — seja ela desenvolvida por dinossauros inteligentes, polvos espertos ou colônias de fungos sofisticados — passava por estágios evolutivos discretos, passíveis de categorização. Kardashev pôde fazer essa afirmação porque sua tabela de classificação não era baseada em sistemas sociais (os dinossauros eram autoritários ou democráticos?), nem em ética (os polvos aprovam o assassinato?), nem em política econômica (os fungos são capitalistas ou socialistas?). Não havia como prever se os aliens também recairiam nessas dicotomias ou se elas fariam sentido para mentes tão diferentes das nossas.

Em vez disso, como todo bom físico, Kardashev construiu sua escala de classificação com base na *energia*. O que se revelou uma ideia inspirada. Num nível físico básico, a energia devia pontificar a evolução de toda civilização. Ninguém, nem nós nem os aliens, seria capaz de produzir uma civilização e toda a sua infraestrutura sem recorrer ao uso de energia. A ideia de Kardashev era identificar as fontes de energia disponíveis para as civilizações conforme elas se tornavam mais tecnologicamente capazes. Isso lhe permitiu mapear o montante de energia disponível para uso em cada estágio de desenvolvimento.

Do ponto de vista de Kardashev, há três níveis (ou tipos) básicos de civilizações avançadas, considerando sua capacidade de reunir energia:

Tipo 1: No primeiro estágio de evolução, as civilizações devem coletar toda a cota de energia do planeta. Na maioria dos casos, a maior fonte de energia disponível num planeta seria a luz de sua estrela, de modo que tornar-se o Tipo 1 de civilização exige capturar toda a luz do sol que incide sobre o planeta. A Terra, por exemplo, recebe do Sol a cada segundo a energia de alguns milhares de bombas atômicas. Nossa mente tende a entrar em pane tentando imaginar tanta energia chovendo sobre a Terra o tempo todo, mas qualquer espécie do Tipo 1 teria à sua disposição essa energia para projetos de avanço civilizatório.

Tipo 2: Por que não ir além de capturar a cota de energia solar de nosso planeta e capturar também a produção total da estrela-mãe? Vimos como o físico Freeman Dyson antecipou o pensamento de Kardashev ao imaginar uma civilização avançada construindo uma vasta esfera ao redor de sua estrela-mãe. Cada esfera de Dyson seria uma máquina do tamanho do sistema solar construída para captar toda a energia emitida pela estrela, em vez de apenas o montante relativamente pequeno que incide sobre um planeta. As civilizações do Tipo 2 são capazes de coletar bilhões de vezes mais energia do que uma civilização do Tipo 1.

Tipo 3: O próximo passo seria capturar toda a energia produzida por todas as estrelas de uma galáxia inteira. Uma galáxia típica possui centenas de bilhões de estrelas, portanto estamos falando de uma versão muito avançada de uma civilização muito avançada. Essa civilização de Tipo 3 poderia envolver cada uma dessas estrelas com esferas de Dyson, mas, quando você fica tão avançado assim, talvez acabe sugando a energia do próprio espaço-tempo ou de um correlato tirado da ficção científica.

E onde *nós* nos encontramos na escala de Kardashev? Devemos ter esperança de galgar nem que seja um pouquinho essas alturas olímpicas? Carl Sagan e outros calcularam onde nos encontramos nessa escala, e o resultado não é muito inspirador, embora também não seja tão irrisório. Ao somar toda a energia que retiramos de combustíveis fósseis, renováveis e de outras fontes à nossa disposição, Sagan e outros mostraram que nos encontramos em algum lugar perto de uma civilização de Tipo 0,7. Esse número, no entanto, é dado em unidades logarítmicas, e, embora os logaritmos sejam uma parte bem bacana da Matemática, me fazem chorar quando tento explicá-la. O importante a saber é que a progressão dispara a uma velocidade assustadora, e essa é a escada que as civilizações têm que subir. Ainda temos um longo caminho pela frente até nos tornarmos uma civilização de Tipo 1. Um cálculo recente feito por pesquisadores do Laboratório de Propulsão a Jato previu que alcançaremos o Tipo 1 por volta do ano 2371 da Era Comum;[5] portanto, já comece a investir na fabricação de painéis solares.

* * *

A escala de Kardashev é útil porque nos fornece uma escada imaginária. Ao formular de maneira compreensível a pergunta sobre as civilizações e sua evolução, podemos entender como uma civilização é capaz de progredir e ter uma diretriz para o que podemos esperar de nosso próprio futuro. Projetar galáxias inteiras, como nas civilizações de Tipo 3, parece mesmo obra de deuses. Fundimos a cabeça tentando entender como uma civilização com tamanho alcance poderia se organizar, mas Kardashev nos deu um instrumento que ao menos nos permite ver que esse é o tipo de magnitude que precisamos considerar.

Desde que Kardashev postulou sua teoria, outros cientistas assumiram o bastão, modificando ou estendendo sua escala. Outras abordagens também surgiram. Meu grupo de pesquisa passou um bom tempo pensando na importância da *entropia*, bem como da energia. A entropia está ligada à segunda lei da termodinâmica, à qual fomos apresentados quando exploramos o conceito da esfera de Dyson. Como vimos, quando você usa energia para operar trabalho, gera desperdício, de uma forma ou de outra. "Entropia" é o nome que os físicos dão a esse desperdício. Outro nome para isso é "perturbação". Basicamente, toda vez que você usa energia para operar e criar ordem (por exemplo, para construir uma cidade), também cria algum tipo de desperdício e perturbação no processo. Construa uma cidade, e você acaba criando entulho e muito barulho. Ambos são exemplos de entropia.

Na Terra, podemos ver que a mudança climática é o resultado da geração de entropia por meio do uso de uma abundância de energia para a construção de nossa civilização. Os estudos do meu grupo de pesquisa revelaram que isso pode ser um problema comum. Qualquer civilização como a nossa, em qualquer outro planeta, pode acabar sendo forçada a passar por um gargalo climático. Colete determinado montante de energia e a segunda lei da termodinâmica cria um contrapeso ao sistema climático do seu planeta. Num piscar de olhos, você tem a mudança climática. Nosso trabalho usou modelos matemáticos simplificados de planetas e civilizações para mostrar que a deflagração da mudança climática pode ser um estágio universal das civilizações avançadas. No entanto, podemos imaginar que algumas civilizações são inteligentes o bastante para superar suas crises climáticas, enquanto outras podem se recusar a reconhecê-la ou agir contra as mudanças que o seu uso de energia está causando ao planeta. Essas espécies teimosas provavelmente acabam na lata de lixo cósmico da história, um destino que, espero, conseguiremos evitar. De qualquer forma, nossos resultados estão diretamente relacionados a Kardashev e suas ideias.

Claro, Kardashev provavelmente não poderia saber de nossa atual crise climática lá em 1964. Mas, quando incluímos na escala de Kardashev a mudança climática, nossos resultados se revelaram de acordo com ela, em vez de o contrário, o que mostra sua utilidade. Ao dar à humanidade o primeiro vislumbre de si mesma numa escala universal e baseada na Física para a evolução das civilizações, Kardashev também nos forneceu uma maneira geral de pensar o problema como um todo. Com o passar do tempo e à medida que aprendemos mais sobre a interação de planetas e civilizações (no fundo, a mudança climática se resume a isso), podemos aplicar nosso conhecimento ao modo de pensar de Kardashev. É por isso que a escala dele perdurou. E é por isso que ela permanece sendo um instrumento tão poderoso para imaginar o que antes parecia inimaginável: o avanço das civilizações tecnológicas através de escalas de tempo cósmico.

3

QUE B* SÃO UFOs E UAPs?

Como eles se encaixam (ou não) na busca por aliens?

O fascínio público pelos UFOs começou com a primeira grande onda de avistamentos em 1947. Sua conexão com a vida alienígena na cultura pop foi imediata. Quando as pessoas falavam em UFOs, na verdade falavam sobre os aliens *que estariam nos* UFOs.

Essa conexão, no entanto, não era vista com seriedade pela vasta maioria dos cientistas. Estariam errados? Haveria alguma razão para os cientistas interessados na possibilidade de vida lá fora levarem os UFOs a sério a ponto de estudá-los? Mesmo sendo fraca a conexão entre UFOs e aliens, o fato de tanta gente os avistar, mesmo sem identificá-los, daria aos UFOs suficiente interesse científico para serem estudados? Sejam quais forem as respostas para essas perguntas no contexto histórico, sem dúvida podemos indagar se as respostas deveriam ser atualizadas agora, dada a grande atenção que os *fenômenos aéreos não identificados* (UAPs, na sigla em inglês), o nome oficial que o governo dos Estados Unidos deu aos UFOs, têm recebido nos últimos anos.**

---

* "B", no caso, se refere a *Battlestar Galactica*, de que sou grande fã (da série reimaginada, não da original de 1979, que era constrangedora de tão boba, embora tivesse ótimos efeitos especiais pós-*Star Wars*).

** Às vezes também vemos "UAP" como acrônimo de *unidentified anomalous phenomena* [fenômeno anômalo não identificado], mas, nossa!, como é possível mudar tantas vezes de nome? Por ora, vamos nos ater a "fenômeno aéreo" mesmo.

De minha parte, adotei um ponto de vista extremamente cético em relação aos avistamentos de UFOs com base na leitura das obras de meu super-herói, Carl Sagan, quando eu era uma criança obcecada por aliens (mas também obcecada por *ciência*). O mantra muito repetido por Sagan, de que "alegações extraordinárias exigem evidências extraordinárias", fazia muito sentido para mim. Eu tinha lido sobre aqueles relatórios do governo que exploramos no primeiro capítulo deste livro e não encontrava razão alguma para duvidar dos achados do Comitê Condon. O mais importante é que, quando criança, também li *Eram os deuses astronautas?*, de Erich von Däniken, que me causou forte impressão. Por um tempo, tive plena certeza de que aliens ancestrais haviam visitado a Terra, e eu saía por aí falando sobre isso para quem quer que fosse (o coitado do meu pai teve que suportar muitas dessas conversas). Depois, assisti a um documentário da rede PBS chamado *O Caso dos Antigos Astronautas*, que levou arqueólogos de verdade para analisar as verdades relacionadas à construção das pirâmides, às cabeças de pedra na Ilha de Páscoa e àqueles traços em forma de animais nas planícies de Nazca. De todo modo, as afirmações de Von Däniken se mostraram vazias. Eu fora feito de bobo, e isso, para alguém vindo de Nova Jersey, é o maior de todos os pecados. A queda definitivamente me fez ferver de raiva diante de qualquer sujeito que faça afirmações extraordinárias com base em dados parcos ou, pior ainda, em baboseiras sem tamanho.

A exigência de Sagan ressoou ainda mais verdadeira à medida que eu crescia e começava a aprender para valer os processos da ciência na escola e depois na faculdade. Fiquei impressionado (atordoado, na verdade) ao aprender que as leis da Física me permitiam saber a temperatura de estrelas distantes apenas por meio de sua cor (estrelas vermelhas são frias, estrelas azuis são quentes). Além de aprender o enorme poder da Física para revelar a estrutura do mundo, eu também ia sendo apresentado aos tais padrões de evidência. Para mim, aquela enxurrada de fotos tremidas, histórias difíceis de acreditar e o pendor para a conspiração associada aos UFOs significavam que aquele não era o parquinho em que eu queria brincar.

Mas e hoje? Com o governo americano admitindo que os próprios pilotos da Marinha estão avistando coisas não identificáveis no ar, terá chegado a hora de atualizar as atitudes científicas? E se as atitudes forem atualizadas, o que, exatamente, deve acontecer na sequência?

Neste capítulo, vamos bisbilhotar um pouco mais na história para entender por que os UFOs mancharam sua reputação científica, reexaminar aqueles relatórios governamentais mais antigos e, então, mergulhar no que está acontecendo neste momento com os avistamentos de UAPs e em suas consequências. Nossa primeira tarefa, porém, é compreender qual o efeito dos UFOs na busca por vida alienígena. A resposta mais curta é: eles quase a mataram.

O "fator risada"

Como a política e os UFOs quase mataram a busca por vida alienígena

Os UFOs ajudaram a fazer da SETI um alvo fácil. Anos de afirmações dúbias, boatos deslavados e um pendor roswelliano para conspirações dignas dos piores doidos criaram um pano de fundo cultural que tornou qualquer discussão séria a respeito de biologia extraterrestre merecedora de risadas e sobrancelhas levantadas. A vida alienígena virou uma piada recorrente nos programas de TV.

Durante os primeiros anos da SETI, nas décadas de 1960 e 1970, pioneiros do campo como Frank Drake, Carl Sagan e Jill Tarter lutaram destemidamente contra essas piadas, estabelecendo a base científica para a busca por vida lá fora. Por algum tempo, o governo lhes deu apoio, mas aos poucos esse apoio começou a ruir. Um punhado de políticos percebeu que podia usar o rescaldo negativo da questão dos UFOs e dos aliens com olhos de inseto dos filmes B para chamar a atenção, atacando a SETI.

No entanto, naquelas primeiras décadas, um número de agências científicas do governo tinha um interesse saudável na busca por vida extraterrestre. A Nasa queria caçar microrganismos em outros planetas de nosso sistema solar, caso fosse possível alcançá-los. E, em termos de vida inteligente, foi a Academia Nacional de Ciências dos Estados Unidos que realizou o encontro de comunicações interestelares no qual a equação de Drake veio a nascer. Na passagem dos anos

1960 para os 1970, cientistas da SETI também trabalharam com a Nasa de maneiras que iam além das buscas radioastronômicas por sinais alienígenas. Considerou-se a criação do Projeto Cyclops, uma imensa fileira de radiotelescópios sensíveis o bastante para detectar sinais de vida inteligente entre as estrelas. E os cientistas da SETI estavam ajudando a Nasa a planejar novas tecnologias telescópicas para caçar exoplanetas.

Foi aí que a política deu as caras.

William Proxmire era um senador democrata de Wisconsin que gostava de pensar em si mesmo como uma águia fiscal. Tomou para si a tarefa de conceder o chamado Prêmio Velocino de Ouro a agências que financiassem algo que ele considerava um desperdício de dólares em impostos. Uma vez que a maioria dos projetos científicos que ele mirava apenas recebia parcas somas de dinheiro, o prêmio de Proxmire era um tipo de ato político espertalhão que visava alvos incapazes de revidar. Em 1978, a diminuta carteira de financiamentos da SETI feitos pela Nasa caiu na mira de Proxmire. Ele deu à SETI o Prêmio Velocino de Ouro e, sendo um poderoso e influente senador, conseguiu que seus colegas parlamentares impedissem a agência de fornecer fundos subsequentes. Proxmire só desistiu do ataque depois que Carl Sagan, então um cientista famoso e respeitado, interveio publicamente, encontrando-se com o senador em pessoa para discutir a questão.[1] Embora o embargo ao financiamento da SETI tenha por fim sido suspenso em 1983, o açoite público promovido pelos políticos americanos contra a busca por vida alienígena só havia começado.

Mesmo que o dinheiro destinado pela Nasa à SETI tenha continuado irrisório no período pós-Proxmire, o fundo ainda era um alvo. Em 1990, a Nasa tentou aumentar o financiamento, passando de 4 para 12 milhões de dólares, com o foco numa nova busca na região das micro-ondas do espectro eletromagnético. A soma representava uns meros trocados do orçamento federal, mas isso não impediu que alguns políticos mais uma vez se enfurecessem. Tornando explícita a ligação com os UFOs, o deputado republicano Silvio Conte, de Massachusetts, tentou sufocar o financiamento, afirmando que “não precisamos gastar 6 milhões de dólares este ano para descobrir evidências dessas reles criaturas. Para comprar um jornal sensacionalista no supermercado local, só precisamos de 75 centavos".

Alguns anos depois, o mesmo embate veio a se repetir. Em 1993, 12 milhões de dólares foram finalmente alocados para a nova busca. Querendo evitar mais atenção do Congresso, o projeto foi batizado com o nome discreto de Levantamento de Micro-ondas de Alta Resolução. Infelizmente, Richard Bryan, senador democrata de Nevada, ficou sabendo do empreendimento e viu-o como uma chance fácil de sair no noticiário. Ele endossou um projeto de lei para sufocar o projeto, anunciando que aquele seria "o fim da temporada de caça em Marte com o dinheiro do contribuinte". É claro que Bryan sabia que a Nasa não estava planejando voltar seus telescópios para Marte, mas quem se importava? Sua tirada espirituosa ganhou os jornais e atrelou a SETI à margem cultural em que todo o entusiasmo pelos UFOs, fosse ele sério ou bobo, vivia. O "fator risada" havia mais uma vez matado a busca por vida no universo.

No rastro desses açoitamentos públicos, a Nasa aprendeu a lição: a SETI era um veneno político. Embora cientistas da SETI como Frank Drake e Jill Tarter dessem o melhor de si para mostrar que o campo tinha direito de existir dentro dos padrões científicos de evidência, o estrago estava feito. Mesmo fazendo o que pôde nas décadas seguintes, a agência não teve como impedir que os pesquisadores acreditassem que o apoio federal minguaria gradualmente. Ainda assim, os cientistas da SETI continuaram lutando para levantar dinheiro privado de onde podiam, mas a busca estava perdendo terreno. O "fator risada" havia ganhado.

Estancar o financiamento da SETI teve graves consequências na busca por vida no universo porque, basicamente, significava que não haveria busca alguma. Usar grandes telescópios custa dinheiro... muito dinheiro. Se a SETI não recebesse financiamento, então nenhum telescópio seria cedido à SETI. O alinhamento político predominante nos últimos setenta anos significou que nosso céu permaneceu efetivamente inexplorado.

É impossível negar o papel que os UFOs tiveram no desenrolar dessa história. Segundo o historiador Steven Garber em artigo que escreveu sobre a SETI e a Nasa, o campo "sempre sofreu com um 'fator risada' que equivocadamente o associou às buscas por 'homenzinhos verdes' e 'objetos voadores não identificados'". Por causa dessa associação, os astrônomos nunca tiveram a oportunidade de dar início a uma busca de verdade. Agora, no rastro das descobertas de exoplanetas e de novos telescópios potentes, tudo mudou. A busca por inteligência extraterrestre por meio de ondas de rádio tornou-se parte importante do novo campo das tecnoassinaturas. Igualmente importante foi o fato de a Nasa ter se lançado para valer na busca de bioassinaturas. Contudo, resta ao menos uma pergunta: alguma coisa mudou na situação dos UFOs agora que também eles receberam um nome novo? Para responder a essa pergunta, ainda precisamos de uma visão mais completa da história, a fim de que possamos separar o joio do trigo.

Conspirações e conspiradores

Boatos bons nunca morrem

As pessoas são atraídas para o tema dos UFOs por muitos motivos. Algumas simplesmente querem saber o que está por trás dos avistamentos não explicados. Estão sinceramente à procura de respostas, sejam elas alienígenas ou domésticas. Para outras, os aliens que supostamente operam os UFOs assumem um aspecto quase religioso, provendo respostas às nossas sérias perguntas. No entanto, para algumas outras, o turbilhão de credulidade e incredulidade representa terreno fértil para uma conspiração. Quer seja pelo dinheiro, pela fama ou por uma boa gargalhada, a história dos UFOs inclui um bom número de boatos famosos. O fato de que os verdadeiros crédulos permaneçam ferrenhos mesmo após a revelação de um boato é um importante fio da história, que conta por que os cientistas não levaram esse assunto a sério. A vida é curta, e uma boa pesquisa científica leva muitos anos e até muitas décadas. Isso significa que os pesquisadores precisam literalmente apostar a própria vida (seus anos de trabalho) naquilo que é digno do seu tempo.

Dados de qualidade precisam ser capazes de matar ideias ruins — essa é uma das marcas dos tais padrões de evidência, tão importantes para nós. Como cientista, eu treino meus alunos de doutorado a deixar suas teorias favoritas morrerem, se as observações assim o exigirem. Caso evidências robustas se coloquem entre você e sua ideia de estimação, despeça-se dela e siga em frente. Dessa forma, a ciência basicamente nos ensina quando e como mudar nossa determinação. É uma coisa linda de se ver. E uma coisa que não acontece no caso dos boatos envolvendo UFOs.

As conspirações começaram a surgir quase imediatamente após os próprios UFOs. Um caso digno de nota se deu na cidade de Aztec, no Novo México (vai saber por que o estado de Novo México aparece com tanta frequência nas histórias envolvendo UFOs!). No fim dos anos 1940 e começo dos 1950, quando a febre dos UFOs ainda estava começando, Silas M. Newton e Leo A. GeBauer viajavam pelo interior alegando ter resgatado artefatos de um disco voador caído nas cercanias de Aztec. Os dois pretendiam vender os artefatos, que, segundo eles, eram feitos de um certo metal, recuperado no local da queda. Afirmaram que as máquinas que eles construíram com o metal alienígena eram capazes de descobrir depósitos subterrâneos de gasolina, petróleo ou até mesmo ouro. Foi por intermédio de Newton e GeBauer que o colunista Frank Scully, da revista *Variety*, tomou conhecimento da história. Primeiro, Scully publicou um relato da queda do UFO em Aztec e, depois, um livro best-seller intitulado *Behind the Flying Saucers* [Por trás dos discos voadores]. De acordo com ele, a queda ocorrera em 1948, a quase vinte quilômetros da cidade. Foram recuperados não só o disco voador, escreveu Scully, mas também cadáveres de aliens e barras de comida concentradas. O Exército americano estaria acobertando tudo, é claro, incluindo a origem venusiana da espaçonave e os "princípios magnéticos" que a faziam funcionar.

Isso tudo não passava de um disparate. Vênus, para começo de conversa, é um inferno inabitável com temperaturas de 371 °C durante o dia e pressões atmosféricas capazes de esmagar um submarino nuclear. É um lugar impróprio para a vida. O que importa, porém, é o cachê que a reportagem na *Variety* rendeu a Silas Newton e Leo GeBauer, nomeados como fontes dos textos de Scully. Os dois usaram a pequena fama para vender seus artefatos alienígenas a uma porção de ingênuos.

Por fim, a enganação foi descoberta, as vítimas se manifestaram e os dois homens foram condenados por fraude. Acontece que, como em quase tudo o que envolve UFOs, nem mesmo a condenação foi capaz de acabar com a história. Ainda hoje existem pessoas convencidas de que um disco caiu perto de Aztec. A certeza delas se apoia principalmente num memorando engavetado nos arquivos do FBI que cita um relatório sobre a queda não confirmada de discos no Novo México. O FBI nunca considerou o relatório importante o suficiente para seguir com uma investigação, mas o tal "Memorando Guy Hottel", que recebeu o nome do agente que prestou o relato, continua sendo um motivo de alarme para alguns dos mais fervorosos crédulos em UFOs.

Um boato mais recente também está relacionado com o Novo México, mas desta vez os discos voadores *que não existiam* no caso anterior eram os *que não caíram* nas cercanias de Roswell muitos anos antes. Em 1995, a rede Fox TV veiculou o documentário *Alien Autopsy* [Autópsia alienígena]. O programa girava em torno de uma filmagem toda granulada, supostamente uma gravação real de cientistas *de verdade* debruçados sobre cadáveres alienígenas *de verdade*. Os dois corpos, alegava o documentário, eram os extraterrestres resgatados da queda em Roswell. Um empresário britânico chamado Ray Santilli dizia ter recuperado a tal filmagem das mãos de um velho cinegrafista que estivera presente na autópsia. A gravação era graficamente impactante, o que aumentava seu apelo. Os aliens, com cabeça triangular, boca escancarada e olhos pasmos, estavam nus (credo!) e exibiam muitas lesões, provavelmente por causa da queda do disco. Coisas dignas de um pesadelo mesmo. O programa fez tanto sucesso que a Fox o reprisou duas vezes.

Infelizmente, no necrotério alienígena, nem tudo ia bem. Na época, vários jornalistas desconfiados tentaram sondar detalhes da história, mas foram necessários mais de dez anos para que outro documentário conseguisse desmontar o caso. Durante uma hora interminável de TV, Ray Santilli admitia que o filme que recuperara era uma "reconstituição". Os cadáveres de aliens no filme tinham sido esculpidos a partir de moldes preenchidos com cérebro de ovelha, geleia de amora e miúdos de frango (nham!). E o laboratório secreto do governo, em 1947, era na verdade a sala de estar de algum fulano na Londres de 1995.[2] Depois de filmadas as cenas, os cadáveres de mentirinha foram cortados em pedaços, à la *Os Sopranos*, e atirados em caçambas de lixo ao redor da capital inglesa.

No entanto, mesmo depois de revelações como essa as histórias não morrem. Hoje você ainda consegue encontrar pessoas que dizem sem sombra de dúvida que um disco voador caiu em Aztec, no Novo México, e que *Alien Autopsy* retratou um evento real. É claro que as pessoas são livres para acreditar no que quiserem, sejam lá quais forem os motivos (contanto que não estejam prejudicando ninguém). Mas esse tipo de credulidade é o que torna os UFOs uma coisa tóxica para as pessoas da comunidade científica. Qualquer cientista que queira investigar um caso realmente grave precisa se explicar aos colegas: "Sim, todo o resto dessas histórias não passa de lorota, mas tenho aqui um caso que merece atenção".

E boa sorte na empreitada.

Mesmo que você consiga saltar tamanho obstáculo, ainda sobra o bombardeio dos crédulos que exigem que você reconheça que *Alien Autopsy* é real e que existem aliens aqui na Terra. Esse é o fundamento, fadado a se extinguir ao longo das décadas, que você precisa conhecer para entender a era moderna em que vivemos, na qual "UFOs" viraram "UAPs" e o governo aposta tudo em sua existência.

A crítica McDonald

Então, sobre esses casos sem explicação...

Apesar dos boatos, das teorias da conspiração e da crescente pilha de imagens tremidas de discos voadores com que a ciência mal sabe o que fazer, há avistamentos de UFOs que permanecem verdadeiramente notáveis e notavelmente estranhos. Já que vamos partir para a história do frenesi moderno que transformou os UFOs em UAPs, vale lembrar de alguns desses casos e de um cientista chamado James McDonald, que se recusou terminantemente a deixar a comunidade científica se esquecer deles.

Tudo começou como mais uma missão qualquer de treinamento da tripulação do bombardeiro RB-47. Os seis homens da Força Aérea americana dentro da aeronave estavam a poucos dias de ser realocados para a Alemanha partindo da Base Aérea Forbes, em Topeka, no Kansas. A data era 17 de setembro de 1957,[3] e o bombardeiro voava alto pelo céu escuro do Mississippi. Conforme a aeronave ganhava o litoral, o operador de rádio captou vestígios de um objeto a quilômetros de distância no golfo. Um pouco depois, o piloto e o copiloto viram o que pareciam ser as luzes de pouso de uma pequena espaçonave a sobrevoá-los. Depois, sem aviso, as luzes se apagaram. A tripulação intrigada emitiu comunicações a estações de rádio terrestres para verificar se continuavam captando alguma coisa. A resposta imediata foi sim: o rádio terrestre disse que havia *alguma coisa* voando no céu junto com eles.

Então, subitamente, uma ofuscante luz vermelha "do tamanho de uma casa" apareceu na frente do bombardeiro. E lá pairou, viajando com a nave por cerca de um minuto. Também de súbito, a luz piscou e sumiu. Os vestígios do radar desapareceram do mesmo jeito. A tripulação, atordoada, começou a rodear a nave, tentando descobrir mais uma vez o que era "aquilo". Inesperadamente, a estranha luz fez mais uma aparição. Brilhando de novo, começou a seguir um curso alinhado com o trajeto original do bombardeiro. Os sinais de rádio também reapareceram tanto no bombardeiro como nos sistemas terrestres. Após mais dez minutos, a luz e os sinais de rádio desapareceram por completo, agora de vez.

A história com certeza é de arrepiar, se analisada fora de contexto. Mais importante, ela surge com frequência numa crítica ao famoso Relatório Condon (de que tratamos no capítulo 1) feita por um físico muito respeitado e, na época, muito conhecido chamado James McDonald. Antes de entrar na febre UFO, McDonald tinha estabelecido o Instituto de Física Atmosférica na Universidade do Arizona. A comunidade da física atmosférica o conhecia e nele confiava, mas o interesse de McDonald num amplo espectro de temas acabou levando-o a investigar os UFOs como fenômenos atmosféricos. Ele estudou os UFOs durante anos, às vezes abraçando e às vezes rejeitando a hipótese alienígena. Contudo, McDonald foi consistente ao acreditar que os UFOs pediam estudos científicos mais sérios. Foi por meio dessa perspectiva que ele se tornou uma voz crítica ao Relatório

Condon, que se tornara o estudo científico definitivo sobre os UFOs na época. Em 1969, McDonald participou de uma conferência sobre UFOs realizada pela Associação Americana para o Avanço da Ciência, e censurou severamente o tratamento que o Comitê Condon dava aos avistamentos listados na categoria "inexplicados". Nas palavras de McDonald:

> Nenhuma investigação científica adequada do problema dos UFOs foi levada a cabo durante os 22 anos que já se passaram desde a primeira e extensa onda de avistamentos de objetos aéreos não identificados, no verão de 1947. Apesar do contínuo interesse e de frequentes manifestações públicas de preocupação, somente exames superficiais do crescente corpo de relatórios de UFOs sem explicação de testemunhas críveis foram conduzidos neste país ou em outros.

McDonald argumentava que tanto a Força Aérea americana como o Comitê Condon tinham feito um trabalho científico de má qualidade ao analisar os casos mais complicados de avistamentos de UFOs. No começo, ele apoiara o trabalho do Comitê Condon e tivera acesso a todos os arquivos do Projeto Livro Azul, aumentando a credibilidade de tais alegações. Além disso, ele assumira a tarefa de voltar atrás e entrevistar muitas das testemunhas envolvidas naqueles casos.

McDonald transformou o discurso num artigo chamado "Science in Default".[4] Ganhei uma cópia dele de dois membros de nossa equipe de tecnoassinaturas da Nasa, Jacob Haqq-Misra e Ravi Kopparapu. Ambos são excelentes cientistas, e ambos acreditam que o estudo dos UAPs demanda uma visão puramente agnóstica. Depois de ler o artigo de McDonald e pesquisar sua carreira, minha própria opinião ficou dividida. Minha experiência com coisas como o caso Roswell (ou seja, teorias conspiratórias em que "tudo vale como evidência") me levou a ficar longe de qualquer coisa relacionada aos UFOs, como acontece com muitos cientistas. Entretanto, em "Science in Default", descobri um forte argumento do qual os relatórios governamentais anteriores careciam. Um estudo completo, aberto e transparente dos UFOs/UAPs deveria, sim, ser levado a cabo. Sua missão não seria provar que os UFOs são naves alienígenas; isso seria presumir a resposta. Em vez disso, o objetivo seria simplesmente tentar entender o que os dados antigos poderiam dizer e decidir como obter dados novos, de mais qualidade.

Como sempre, o salto entre "que papo de doido!" e "civilizações alienígenas existem e pairam continuamente sobre nossas aeronaves!" é tão grande que os cientistas precisam de mais do que meras histórias para conseguir dá-lo. As palavras de McDonald fornecem narrativas de arrepiar os cabelos, incluindo as circunstâncias em que o radar capta UFOs enquanto várias testemunhas os viam de antemão. No entanto, no fim, temos só histórias, e nada mais. Mesmo assim, McDonald estava certo. Sempre vai ser uma coisa boa ter uma ciência melhor. Para ver como o melhor da ciência pode ser aplicado ao tema dos UFOs, vamos dar uma olhada naqueles vídeos da Marinha americana e traçar nossa jornada dos UFOs até os UAPs.

De UFOs a UAPs

Começa a era moderna

Como se diz, a merda atingiu o ventilador em 16 de dezembro de 2017. Foi quando o mais destacado, sóbrio e respeitável dos grandes jornais, o *New York Times*, anunciou que os UFOs eram reais.

A reportagem, "Glowing Auras and 'Black Money': The Pentagon Mysterious U.F.O. Program", detalhava a existência de novos esforços dos Estados Unidos para descobrir o que estava por trás das misteriosas coisas voadoras. O programa, abrigado no Departamento de Defesa, parecia ser a primeira tentativa séria de abordar os UFOs desde a época do Projeto Livro Azul e do Relatório Condon.[5] O mais incrível é que o artigo vinha acompanhado de vídeos que mostravam pilotos da Marinha rastreando objetos estranhos acima do oceano. Um dos vídeos tinha áudio, no qual se ouviam pilotos exclamando: "Meu Deus!" e "Tem uma frota inteira!".[6] De repente, parecia que os UFOs eram reais e, por associação, os aliens também. A época dos *fenômenos aéreos não identificados* — a repaginação dos UFOs feita pelo governo americano — tinha começado.

Temos muita coisa para desdobrarmos aqui, incluindo qual era exatamente o lance do "misterioso" programa governamental sobre UFOs. Mas comecemos com o mais importante e o mais divertido: os próprios UAPs.

O que tornava a reportagem do *New York Times* tão impressionante eram os vídeos das câmeras dos jatos da Marinha. O primeiro deles, de uma câmera FLIR (*forward-looking infrared*, ou sensor de visão frontal infravermelha), foi gravado em 2004 por um piloto do *USS Nimitz* no litoral sul da Califórnia. O evento se deu quando dois outros jatos da Marinha avistaram um objeto oval branco pairando sobre o oceano. Quando um dos jatos se aproximou, o objeto começou a se erguer e imitou o movimento do jato, antes de sair voando em alta velocidade. Mais tarde chegou outro grupo de jatos, e um desses pilotos rastreou os tais objetos com sua câmera infravermelha, no que se tornou o vídeo da FLIR (o piloto nunca viu os objetos diretamente). O segundo vídeo e o terceiro, publicados depois, chamados GIMBAL e GOFAST, foram gravados em 2015 na Costa Leste dos Estados Unidos por pilotos do porta-aviões *USS Theodore Roosevelt*. Durante um período de três semanas, vários pilotos da Marinha relataram avistamentos quase diários de UAPs na mesma área.

Em termos de conteúdo, o vídeo FLIR mostra uma imagem monocromática borrada de um objeto oval que a câmera tenta a todo custo manter em enquadramento. É difícil distinguir o fundo, se há nuvens, céu ou mar. O vídeo não tem áudio. Já o vídeo GOFAST é mais impressionante: fica varrendo a superfície do oceano (não há dúvidas sobre isso) quando um pontinho branco rapidamente cruza a cena. A câmera então muda o foco, tentando seguir o objeto, enquanto uma voz exclama: "Aiii! Peguei!". A câmera continua a rastrear o UAP conforme este parece voar por sobre as cristas das ondas em altíssima velocidade. Depois temos o vídeo GIMBAL, que mostra um objeto branco, borrado e oblongo como uma bala Tic Tac malformada. O objeto é rastreado sem parar pelo quadro da câmera, quando o fundo, que parece formado por nuvens, trepida. Vozes, presumidamente dos pilotos, exultam com a movimentação do objeto contra o sentido do vento. "Olha só essa coisa, cara", diz uma das vozes, enquanto o Tic Tac, agora definitivamente do formato de um disco voador, rodopia para lá e para cá.

Os vídeos com certeza dão uma sensação de arrepio quando você os vê pela primeira vez, especialmente com os pilotos se maravilhando com o momento. As entrevistas concedidas por esses pilotos mais tarde são igualmente provocadoras. Numa seção do *60 Minutes*, os pilotos David Fravor e Alex Anne Dietrich descrevem o encontro. Fravor diz ao entrevistador Bill Whitaker: "Eu disse, 'Cara, você... você tá vendo aquela coisa lá embaixo?'".

Dietrich acrescenta: "Daí sua cabeça tenta entender tudo isso. Eu ia classificar aquilo como um helicóptero ou um drone, talvez. E quando ele desapareceu... Tipo, foi simplesmente...". Ela não chega a terminar a frase.

É notável que Dietrich nunca tenha falado publicamente sobre o encontro antes disso. Ela diz ao entrevistador, toda dócil: "Eu nunca quis aparecer na TV... não leve a mal", e depois explica por que agora se decidira. "Eu estava numa aeronave do governo", diz. "Estava em meu expediente, e me sinto na responsabilidade de compartilhar o que puder."[7]

De acordo com a reportagem original do *Times*, esses tipos de encontros se tornaram o principal interesse do Programa de Identificação de Ameaças Aeroespaciais Avançadas do Pentágono, ou AATIP na sigla em inglês, que foi criado em 2007. A história de sua criação começa com um debate do senador democrata de Nevada Harry Reid e seu amigo bilionário Robert Bigelow, longevo doador de sua campanha. Bigelow sempre teve interesse por UFOs e pela paranormalidade, bem como em empreendimentos comerciais espaciais. É dono de uma empresa que constrói habitações infláveis, testadas na Estação Espacial Internacional. Com o apoio de outros dois senadores, Reid financiou uma lei que alocava 12 milhões de dólares para um estudo dos UFOs — uma quantia módica para os padrões do Pentágono. A julgar pela reportagem do *Times*, o AATIP parece ser fruto dessa lei. Naturalmente, a maior parte dos subsídios foi destinada à empresa de Bigelow para que levasse o estudo a cabo, mas o AATIP, ao que parece, era quem administrava o programa. É aí que um certo Luis Elizondo, um ex-agente de inteligência, entra na história.

De acordo com o *Times*, Elizondo dirigia o AATIP. Ele logo se tornou o rosto por trás do frenesi midiático em torno dos UAPs, aparecendo numa reportagem na CBS, em inúmeras matérias para jornais e vários documentários. Elizondo dirigiu o AATIP até 2012, quando os subsídios estancaram, mas ele alega ter continuado a trabalhar com a Marinha e a CIA até se demitir em protesto contra o fato de o governo não levar a sério as radicais implicações dos UAPs. "Por que não estamos dedicando mais tempo e esforço ao assunto?", perguntou Elizondo em sua carta de demissão. Mais para o fim do artigo aparece a descrição dos prédios da fábrica de Bigelow que tiveram que ser modificados para acondicionar "ligas metálicas e outros materiais que o sr. Elizondo e os contratantes do programa disseram ter resgatado". Se isso não foi o bastante para fazer você cuspir o seu café matinal, o próximo parágrafo da reportagem cita uma fala atordoante de Harold E. Puthoff, engenheiro que teria trabalhado no programa. "Estamos na mesma posição em que Leonardo da Vinci se acharia se déssemos a ele um controle remoto para abrir a porta da garagem."

Um programa especial do governo para o estudo dos UFOs e que abriga estranhos metais resgatados de supostos UFOs é uma ideia bem radical, para dizer o mínimo. Como é de esperar, a internet — e, portanto, o mundo — logo enlouqueceu. No rastro da primeira história, e de inúmeras outras que se seguiram, a comunidade UFO se sentiu vingada. Mas os de tendência mais cética continuaram esperando por mais informações — como, por exemplo, *onde* estão esses fragmentos de UAPs? Quando poderemos vê-los? Em geral, todo mundo ficou repleto de perguntas especialmente atordoantes. Será que era chegado o momento de o governo americano enfim revelar o que sabia sobre UFOs, quer dizer, UAPs? E o mais importante: será que realmente iríamos ter provas de que os aliens existem? Todos ficamos perplexos. Como sempre, no entanto, e como tudo o que diz respeito a UFOs, a névoa parece nunca se dissipar.

Em relação ao AATIP e aos programas sobre UAPs do governo, as coisas logo ficaram confusas. Em junho de 2019, em reportagem para *The Intercept*,[8] o jornalista Keith Kloor cita um porta-voz do Pentágono que disse: "O sr. Elizondo não se responsabiliza pelo programa do AATIP". Além disso, como detalha Sarah Scoles em seu excelente livro *They Are Already Here* [Eles já estão aqui], outros investigadores tiveram dificuldade para encontrar qualquer informação sobre o AATIP, incluindo o propósito exato do programa.[9] Boa parte desse trabalho foi feita por John Greenewald Jr., que fez amplo uso da Lei de Acesso à Informação para pesquisar as atividades governamentais sobre UFOs. O AATIP estaria mais focado em ameaças convencionais, como artefatos militares avançados de adversários terrestres como a Rússia e a China? Ou seu interesse era mesmo UAPs do tipo que "podem ser aliens"? Greenewald ouviu de um porta-voz do Pentágono: "De acordo com toda a informação oficial de que disponho no momento, quando implementado, o AATIP não buscava a pesquisa de fenômenos aéreos não identificados". Dada a longa história do governo americano em usar os UFOs para desinformar e desorientar o público, é difícil dizer onde reside a verdade. Por sua vez, Elizondo registrou uma queixa no Pentágono afirmando que havia uma campanha coordenada para desacreditá-lo por ter se manifestado.[10]

É claro que, além dos programas do governo, o que realmente importa são os próprios avistamentos. O que dizer dos pilotos da Marinha relatando contatos quase diários com objetos não identificados e sem explicação? O que eles e seus instrumentos viram e, o mais importante, conseguiram alguma evidência crível da existência de aliens? Neste ponto, começamos um jogo de "por um lado... por outro...", em que os crédulos e os céticos analisam as mesmas informações e chegam a conclusões diferentes. Para os que tendem a acreditar, as imagens capturadas pelas câmeras são evidências concretas de que esses objetos se movimentam de maneiras que nenhuma tecnologia da Terra poderia recriar. Os objetos não exibem rastros de propulsão nem nenhuma forma de "impulso", mesmo quando parecem mostrar taxas absurdas de aceleração.

Já os céticos salientam que muitos dos efeitos vistos nos três vídeos podem ser atribuídos às câmeras em si. Mick West, um investigador independente e escritor científico, ficou famoso ao fazer testes de laboratório a fim de ligar os aspectos mais impressionantes dos vídeos aos movimentos internos das câmeras.[11] Os sensores dos jatos são desenhados para se mexer e travar a mira no alvo. Assim, os próprios movimentos da câmera, junto com os sensores ópticos internos e os efeitos físicos de paralaxe — mudanças de visão em que os objetos em primeiro plano se movem contra o fundo distante —, podem explicar muito do que se vê nos vídeos. Além disso, os céticos revelam que os vídeos não receberam nenhuma contextualização. Vieram mastigados, já editados por alguém — incluindo o áudio, que somos levados a crer verdadeiro e gravado em tempo real. Também não sabemos quase nada sobre os instrumentos específicos contidos nos jatos e seu histórico específico. Haviam sido consertados recentemente? Seu software tinha sido atualizado? A história da ciência está cheia de descobertas incríveis que surgiram quando sensores foram limpos e recalibrados. Dada a importância global da conclusão de que a vida alienígena existia e estava visitando o nosso planeta, era preciso algo mais forte do que vídeos editados dos quais não era possível obter os dados originais ou os instrumentos que conseguiram esses dados. Por mais tocantes, interessantes e superempolgantes que os vídeos e os testemunhos sejam, eles não constituem o tipo de evidência necessária para concluir que os UAPs são aliens. Esses vídeos simplesmente não fornecem dados suficientes para que possamos dizer se os "objetos" são reais ou só efeitos instrumentais. Eles com certeza não nos dão as informações de que precisamos para saber se essas coisas são movimentos de exibição (ou seja, acelerações) que requerem tecnologias que os humanos não possuem.

Em resposta à confusão que ele próprio ajudou a gerar, o governo federal americano se apressou em divulgar um novo relatório sobre UFOs logo depois de toda essa história vir à tona.[12] Por um lado, o relatório admitia que o governo havia catalogado mais de mil avistamentos para os quais não possuía explicação. Por outro, também dizia não haver evidências de que os casos inexplicados tinham origem extraterrestre. Mais uma vez, dependendo do ponto de vista, isso significava uma grande vitória ou só mais lenha na fogueira. Com efeito, um artigo publicado mais tarde pelo prestigiado periódico *Science*[13] revelou que o principal redator do relatório era um cientista defensor dos fenômenos paranormais que já tinha aparecido muitas vezes naquele documentário desastroso chamado *Ancient Aliens* (um programa para o qual fui convidado várias vezes, mas sempre recusei). Isso fez muitas pessoas se perguntarem se os autores do relatório teriam ao menos *tentado* explicar casos que acabaram indo para a categoria "sem explicação". Com certeza eles não fizeram uso do suprassumo da pesquisa científica.

Tempos depois, no verão de 2023, outra tempestade midiática sobre UFOs desabou sobre os Estados Unidos, quando David Grusch registrou uma "delação" formal junto ao governo. Em entrevistas, Grusch primeiro afirmou que o país vinha coletando carcaças de UFOs caídos já fazia algum tempo. A ideia de que o governo possuía artefatos de tecnologia alienígena — ou pelo menos "não humana" — era chocante por si só. Mas depois Grusch afirmou ainda que os aliens se envolveram em "eventos danosos", nos quais humanos teriam sido feridos. São sugestões bem extraordinárias, para dizer o mínimo. Mais uma vez, porém, não houve nenhuma prova disso. Ao contrário: as alegações de Grusch eram todas boatos. Ele mesmo nunca chegara a ver nenhuma espaçonave, e explicou que tinha falado com pessoas que, por sua vez, também falaram com pessoas...

Eu apostaria que o episódio David Grusch na história dos UFOs vai acabar como muitos outros antes do dele. Você se lembra do famigerado relatório *The Estimate of the Situation*, de que tratamos no capítulo 1, ao revisar relatórios anteriores do governo? Trata-se de um suposto relatório secreto, que um informante dentro do governo afirmou existir e que concluiria que os aliens eram seres interplanetários. Nenhuma cópia do relatório foi encontrada. Embora alguns oficiais de inteligência dissessem que as alegações de Grusch eram legítimas, outros disseram não passarem de fantasias sem fundamento. Portanto, o velho cisma entre "são aliens!" e "não são, não!" se reproduz mais uma vez dentro do governo. No fim, duvido que qualquer prova concreta, como um pedaço de tecnologia "alienígena" passível de ser analisada por cientistas, venha a surgir algum dia. Eu gostaria de estar errado, mas tudo isso parece um episódio de *Arquivo X*.

E aonde isso agora nos leva? Alguma coisa de fato mudou no que diz respeito a UFOs e UAPs? Estaríamos num ponto de inflexão no estudo do tema ou isso não passa de mais um ciclo de interesse febril seguido de mais confusão, o tipo de coisa que vem acontecendo vezes sem conta desde 1947? Apesar do que parecem ser as habituais excentricidades de alguns sujeitos que têm pontos a provar, acho que algo mudou, *sim*. O fato de que pilotos militares estão recebendo sinal verde para falar sobre o que imaginam ter visto é, a meu ver, uma coisa boa. Não importa o que os UAPs realmente venham a ser; com a abertura para a produção de relatórios transparentes vem a possibilidade de abertura para a investigação científica transparente. É a única maneira de um dia virem a descobrir algo. Algumas dessas investigações acabam de começar quando escrevo estas palavras, incluindo um seminário da Nasa sobre o assunto. Quando o seminário da agência realizou sua primeira edição no verão de 2023, divulgaram uma análise de um dos três famosos vídeos de UAPs da Marinha. Lançando mão de métodos básicos de geometria, determinou-se que o objeto aparentemente pairando veloz em cima do mar no vídeo GOFAST estava, na verdade, a quase quatro quilômetros de altura e se movia a cerca de 65 quilômetros por hora — que era a velocidade do vento naquele instante. Não há nada de extraterrestre numa velocidade de 65 quilômetros por hora. Consigo atingi-la simplesmente rolando ladeira abaixo com minha bicicleta, sem pedalar. Além disso, foi declarado no seminário que apenas 2 a 5% dos avistamentos de UAPs eram considerados "possivelmente muito anônimos". As conclusões mostram que até mesmo um pouquinho de ciência é capaz de conseguir grandes coisas. Se bem-feito, o seminário da Nasa e outros empreendimentos poderão fornecer uma aula magna sobre como a ciência realiza suas notáveis explorações imparciais. Num mundo repleto de várias formas de negacionismo científico, isso prestará um grande serviço por si só.

Então, agora chegamos à próxima grande pergunta: se essa nova onda de avistamentos de UAPs pela Marinha americana não nos diz o que precisamos saber para poder abordar a questão alienígena, que tipo de dados precisamos obter, e como obtê-los?

Levando os UFOs a sério

Como seria um verdadeiro estudo científico

A diferença mais importante entre este ciclo de interesse nos UFOs (ou moda, dependendo da maneira como você vê) e os que vieram antes dele é o envolvimento do governo americano. De mandatos do Congresso a programas do Pentágono, não importam suas verdadeiras intenções, desta vez parece que as agências governamentais estão dispostas a fazer algo mais honesto do que meramente admitir que têm algo em vista e que não sabem do que se trata. Isso é importante por uma única razão: dinheiro.

Qualquer tentativa de aplicar ciência de verdade ao entendimento dos UAPs exigirá financiamento em escalas que o setor privado não será capaz de prover. Assumindo que o governo está disposto a aportar alguma soma numa exploração científica transparente do assunto, como esse esforço seria? É uma boa pergunta, porque já existem alguns grupos tentando dar os primeiros passos nesse tipo de pesquisa.

No entanto, a primeira e mais importante coisa que você precisa saber é qual tipo de pesquisa *não* será feito. Ninguém vai tentar provar que os UFOs são pilotados por aliens. A descoberta de que os UFOs são SUVs alienígenas seria apenas um objetivo possível num projeto que, de cara, precisa ter uma visão *agnóstica* em relação ao seu tema. A boa ciência começa sem preconceitos.

Essa perspectiva é bem diferente daquela que diz: "Está vendo isso aqui? Não sabemos o que é, mas realmente gostaríamos que fossem elfos vikings da Dimensão 9, então vamos atrás de evidências para provar que estamos certos". É como diz o clássico da ficção científica *Duna*: "Os começos são momentos extremamente delicados". Você precisa começar um projeto como esse sabendo exatamente qual é sua missão. Provar sua hipótese favorita não é a missão. É, sim, ir aonde os dados o levam.

Então, ótimo, temos esses UAPs que ficam se movimentando ao redor das nossas naves. Como descobrir o que poderiam ser? Ironicamente, uma pesquisa científica envolvendo UAPs precisa de uma coisa não tão diferente da que meus colegas e eu precisamos em nossa busca científica de bio e tecnoassinaturas para provar a existência de vida em mundos distantes: *dados brutos* obtidos por *instrumentos verificados* e coletados através de uma *estratégia racional de busca*. Vamos começar pelo meio da frase e focar no conceito de instrumentos verificados.

Se (e quando) meus colegas relatarem a detecção de, digamos, uma bioassinatura num mundo alienígena, eles o farão por intermédio de um detector de luz pendurado num telescópio. Esse aparato constitui um instrumento científico. Tal instrumento terá todo aspecto de seu comportamento explícita e precisamente especificado. Os astrônomos saberão até que ponto ele responde à luz infravermelha de longo comprimento de onda e saberão até que ponto responde à luz visível de menor comprimento de onda. Saberão como o instrumento se comporta a 4 °C e como esse comportamento muda a 15,5 °C. A lista dessas especificações do instrumento será exaustiva e entediante, mas, se você quiser alegar que seu instrumento descobriu uma coisa incrível, é melhor saber tudo sobre o aparelho de cor e salteado.

Se vamos começar um programa de pesquisa de UAPs, precisamos de um punhado de instrumentos bem especificados. Mas que tipo de instrumento? Isso depende da natureza dos dados que desejamos obter. Sem dúvida vamos precisar de câmeras para registrar imagens. Também necessitamos de imagens tiradas em todos os comprimentos de onda possíveis. A luz visível é boa, porque é nela que nossos olhos funcionam e a ela a atmosfera é transparente. A luz infravermelha é boa para assinaturas de calor, como propulsão ou outras fontes térmicas. Indo além, talvez possamos ir à procura de ondas de rádio emitidas de objetos, porque o rádio é bom tanto para comunicações como para sensores (os radares usam comprimentos de onda de rádio, por exemplo). Ainda precisaremos de informações de grande exatidão sobre movimento, para rastrear velocidades, e, mais importante, mudanças de velocidade (aceleração e desaceleração). Elas nos fornecem vestígios de força, que podem indicar a existência de uma tecnologia de propulsão. Seja lá que instrumentos escolhamos, é necessário ter um conjunto completo deles e prepará-los para sair em busca de nossos dados brutos.

Agora, a última parte da frase: a estratégia racional de pesquisa. Temos três opções. Podemos olhar para cima. Podemos olhar para baixo. Podemos olhar ao nosso redor. Pois é, parece idiota, e você deve estar se perguntando que imbecil me deu um doutorado, mas continue comigo. Olhar para cima significa que vamos instalar nossos instrumentos em estações terrestres. Poderíamos apontar fileiras de câmeras e radares por grandes porções do país, ou concentrá-los em lugares que pareçam mais propícios a apresentar a atividade de UFOs, como bases militares ou partes do oceano em que se praticam exercícios navais. Os instrumentos ficariam lá obtendo dados o tempo todo (algo caro!) ou quando acionados por um tipo de alerta. Também poderíamos lançar uma rede de satélites para olhar para a Terra de cima com vários detectores. Eles também monitorariam continuamente ou seriam acionados por botões. Por fim, poderíamos equipar várias aeronaves (particulares ou militares) com sensores construídos para a busca. Essa seria a estratégia de olhar ao nosso redor. Tais sensores, assim que ativados, talvez por pilotos que vissem alguma coisa da cabine, poderiam ser os gatilhos que acionariam o sistema terrestre e os satélites.

Planos para essas estratégias já estão em discussão. O Projeto Galileo, dirigido pelo astrônomo Avi Loeb, de Harvard, já está construindo versões em menor escala das estações terrestres apontadas para o espaço, aproveitando a deixa de cientistas meteorológicos, que já possuem uma versão de sistemas de detecção terrestre. Além disso, a Nasa requisitou que um grupo de cientistas e engenheiros verificasse de que maneira as redes de satélite já existentes poderiam ajudar na busca. A Nasa estuda a Terra o bastante para assuntos como a mudança climática.

O que acontece assim que tivermos esses petabytes de imagens e informações de velocidade? A resposta é ao mesmo tempo simples e complicada. Estamos olhando para algo estranho. Isso quer dizer que estamos olhando para, digamos, acelerações de um objeto que foi detectado em imagens capturadas em múltiplos comprimentos de onda (de modo que sabemos que o objeto é real) e que nenhuma tecnologia de que dispomos é capaz de produzir. As maiores taxas de aceleração possíveis de serem obtidas por um míssil ar-ar está na ordem de algumas centenas de força-G. Seriam os UAPs detectados capazes de acelerar mais do que isso? Melhor do que ver um objeto acelerando loucamente em linha reta seria vê-lo girar com tanta velocidade que acabaria por estilhaçar qualquer tipo de liga metálica que os humanos são capazes de produzir. Isso seria incrível e indicaria que algo estranho está em jogo. Também poderíamos procurar por movimentos rasantes sem assinatura de propulsão. Se um objeto bem especificado (ou seja, observado em múltiplos comprimentos de onda) for visto pairando quietinho sobre algum lugar, isso sem dúvida acionaria nossos "esquisitômetros".

Garantindo que essas detecções não sejam artefatos dos próprios instrumentos, os métodos de coleta de dados e os algoritmos de análise desses dados serão as partes mais complicadas. Lembre-se de que poderemos coletar uma quantidade imensa de dados. Só a triagem de tudo isso a fim de encontrar umas poucas coisas que constituam um sinal acima do ruído já será uma tarefa enorme, mas, como dizem em *The Mandalorian* (quem é que não ama o bebê Yoda?): "é assim que é".

É assim que um programa de pesquisa verdadeiramente científica que almeje alcançar o âmago do mistério dos UFOs/UAPs faz. Quanto aos pilotos de tais espaçonaves, já é outra história.

4

E SE *FOREM* ALIENÍGENAS?

Se os UFOs são ETs, como chegaram aqui e que diabos estão fazendo?

Os aliens não são mágicos. Tampouco são mágicas as espaçonaves de voo rasante e de velocidade turbinada ou supersônica que ele talvez estejam pilotando. Seja lá o que os aliens fazem, não importa quão milagroso ou assustador possa parecer para nós, ainda será baseado em Física, Química, Biologia e assim por diante. A Física, a Química e a Biologia que os aliens têm à disposição talvez sejam totalmente diferentes de qualquer coisa que consigamos imaginar. Podem estar tão além de nossa compreensão que, diante disso, ficamos parecendo amebas tentando fazer matemática. Contudo, na essência, o que os aliens fazem tem que ser baseado na ciência. O cosmos em que vivemos é o mesmo cosmos em que eles vivem. Esse universo compartilhado está repleto de padrões, associações e redes de causa e efeito. A ciência, não importa quem a faça, trata de sair vasculhando esses padrões e voltar com algum entendimento sobre como eles funcionam. Se você quer falar sobre aliens com seriedade, precisa pensar com seriedade nos aliens… e na Física. É aí que começa a diversão de verdade.

Neste capítulo, vamos levar a sério a ideia de que uma espécie com tecnologia avançada é capaz de vir nos visitar aqui na Terra. Sob essa premissa, perguntaremos: como funciona a tecnologia que eles talvez estejam usando? Essa pergunta vai nos conduzir a um território nos limites da Física moderna. A relatividade de Einstein, a mecânica quântica, a astrofísica estelar — somos obrigados a entrar nesses tópicos se quisermos ter um vislumbre da tecnologia de civilizações avançadas. A visão do universo que esses domínios da Física oferecem é aterradora. Vai valer a pena pegar uma carona por esse terreno íngreme. Dar uma espiada nos grandes conceitos científicos — como a dobra espacial e as extradimensões — já nos dará uma ideia do que pode ser possível aos aliens de mundos distantes que venham a se exibir por aqui. Também vai nos ajudar a ver para onde a civilização humana se encaminhará se sobrevivermos por bastante tempo.

Começaremos pelo começo com a pergunta mais básica: como alguém consegue atravessar as vastas e inconcebíveis distâncias entre as estrelas?

Viagem interestelar[1]

Se os UFOs são alienígenas, como chegaram até aqui?

Primeiro, as más notícias. As distâncias entre as estrelas são tão grandes que talvez sejam impossíveis de atravessar como quem não quer nada. Eu sei: você pode, sim, enviar sondas-robôs que alcançam seu destino dentro de duzentos anos (e depois você vai precisar de mais ou menos um século para receber uma mensagem de volta). Mas a possibilidade de que você, eu ou quem quer que seja fique passeando pelos melhores planetas de férias do império galáctico pode simplesmente ser excluída das leis da Física.

Ou não.

Esse é o tipo de dilema que precisamos enfrentar quando tentamos enfrentar a questão dos aliens e da viagem interestelar. Sem sombra de dúvida, conhecemos as distâncias entre as estrelas. Também sabemos com certeza que o universo impõe um limite de velocidade quando o assunto é cobrir tais distâncias. Nosso próximo passo seria imaginar, com base no que sabemos sobre a estrutura da realidade, como os aliens conseguiriam romper esses limites.

Se os UFOs *de fato são* espaçonaves vindas de outros sistemas estelares, como é que eles (ou nós mesmos, no futuro) atravessam a imensidão interestelar?

A primeira coisa é entender a verdadeira dimensão do espaço sideral (parafraseando o grande Douglas Adams, quão "graaande--graaande" ele é). Sim, eu sei que você *acha* que sabe quão grande o espaço é, mas, acredite em mim, é ainda maior do que você pensa. Toda vez que tenho que lidar com esse tipo de distância em minha pesquisa, meu assombro diante da escala do cosmos (até mesmo com o pequeno cantinho que ocupamos nele) só aumenta.

Os astrônomos medem distâncias interestelares usando anos-luz, o que, convenhamos, é meio confuso. Um ano-luz é a distância que a luz viaja no período de um ano, cobrindo 9 trilhões de quilômetros. É um nove com doze zeros — 9.000.000.000.000. Você provavelmente já caminhou por um quilômetro e dirigiu por milhares deles. Tudo isso só tem três zeros. Os outros nove zeros exigem um voo heroico de imaginação. Se você quiser uma comparação fácil, isso é equivalente a viajar ao redor da Terra centenas de milhões de vezes. Imagine quantas escalas e salas de espera inúteis no aeroporto isso significaria.

Outra maneira de entender o conceito de ano-luz é considerar a distância entre o Sol e a borda do sistema solar. Se a Via Láctea é a nossa cidade de estrelas, então o sistema solar é a casa em que nascemos, e a Terra, um mero quarto nessa casa. Em 2006, lançamos a sonda espacial mais rápida já desenvolvida, a New Horizons, e a despachamos para Plutão, que fica num lugar que pode ser considerado a beira do sistema solar. A distância até Plutão é cerca de mil vezes menor do que um ano-luz. Nosso sistema solar, onde vem ocorrendo toda a atividade humana em planetas e no espaço sideral, é uma minúscula fração de um ano-luz. E este é o principal ponto para pensar: mesmo com a New Horizons voando pelo espaço a 58 mil quilômetros por hora, *ela ainda demorou dez anos para alcançar Plutão*. A partir desse fato podemos concluir que a New Horizons levaria no mínimo 20 mil anos para percorrer um ano-luz. É bastante tempo, mas ainda não o suficiente para nos fazer cobrir distâncias interestelares. Não existe muita coisa lá no espaço sideral dentro de uma distância de um ano-luz. A Nuvem Oort, onde a maioria dos cometas do sistema solar vive num frigorífico, se estende por cerca de um ano-luz; então, mesmo nessa distância, você ainda se encontra *dentro* do sistema solar.

É preciso viajar mais três anos-luz para alcançar a estrela mais próxima, Alpha Centauri. Uma viagem da New Horizons até essa estrela levaria cerca de 80 mil anos, e a maioria das estrelas está muito, muito mais distante do que a Alpha Centauri. A Via Láctea tem um diâmetro de aproximadamente 100 mil anos-luz. Mesmo se ficarmos no perímetro de nossa vizinhança, a distância até o Starbucks interestelar mais próximo precisa ser medida em centenas de milhares de anos-luz. O que daria dezenas de milhões de anos de viagem até mesmo para nossas sondas mais velozes.

Tudo isso serve para confirmar que sim, o espaço sideral é incrivelmente grande. Se os UFOs são visitantes interestelares, essas distâncias precisariam ser atravessadas cotidianamente. São também as distâncias que precisamos aprender a atravessar caso queiramos nos tornar uma espécie interestelar — seríamos aliens para os outros.

Qualquer tentativa de cruzar essas distâncias acaba nos levando a um fato fundamental sobre o universo: nada é capaz de viajar mais rápido do que a velocidade da luz. O fato não se limita a termos de luz. Diz muito também sobre a natureza da realidade. Ele está entremeado pela Física. O universo tem um limite máximo de velocidade, e acontece que a luz é essa coisa que viaja nela. Na verdade, qualquer partícula que não tenha massa (como a luz) viaja à velocidade da luz, mas nada em nenhum outro lugar é capaz de viajar mais rápido do que isso. Esse limite de velocidade é tão fundamental que o vemos misturado à existência da causa e do efeito. A velocidade finita da luz é o que *obriga* os efeitos a virem na sequência das causas, como pratos se quebrando somente depois que são derrubados das mesas.

É claro que nessa questão da viagem interestelar pode haver em jogo mais elementos físicos que não conhecemos. Ainda assim, esse negócio de velocidade da luz é tão importante para todos os físicos que, se você realmente deseja que os UFOs sejam espaçonaves, não conseguirá nada dizendo "Ah, uma hora eles vão descobrir". Você precisa ser melhor do que isso.

Agora, vamos escarafunchar o problema. Dadas essas inconcebíveis distâncias interestelares, como faremos para extrapolar a Física *que conhecemos* e saber como esses aliens (ou nós mesmos, no futuro) são capazes de atravessar a imensidão cósmica? Temos algumas possibilidades.

Naves geracionais: dependendo da biologia deles, a expectativa de vida de nossos hipotéticos aliens pode ser menor do que a jornada de séculos exigida para viajar entre estrelas a uma velocidade abaixo da velocidade da luz. É exatamente esse o nosso caso. Se você permanecer a viagem toda acordado, estará morto na hora em que chegar lá. Uma maneira de contornar esse dilema é levar crianças junto. Você ainda estará morto, mas seus filhos ou netos ou a prole de seus tataranetos vai sobreviver. As naves geracionais (também chamadas de naves seculares) são uma possibilidade da viagem interestelar. Contudo, essas naves teriam que ser muito grandes para conseguir carregar uma colônia inteira de viajantes espaciais. Seria difícil perder uma delas de vista caso entrasse em órbita. Além disso, você pode imaginar a raiva dos tataranetos tendo que passar a vida toda num cruzeiro espacial fedorento. Talvez as crianças é que estejam pilotando erraticamente os UFOs; isso explicaria muita coisa.

Criogenia: outra resposta pronta para o dilema da morte na chegada é a hibernação. A criogenia basicamente "congela" o metabolismo do corpo (ou pelo menos o desacelera) pela duração da jornada. Apesar de ser um marco da ficção científica, ninguém chegou perto de fazer a criogenia funcionar com animais de grande porte como os mamíferos. Contudo, é o tipo de solução que não demanda uma Física nova para existir magicamente (talvez apenas uma Biologia nova). Além disso, se a vida "pós-biológica" movida a máquinas é de fato uma realidade (como vamos discutir mais à frente), então talvez alguns aliens se transmutem numa forma digital baseada em silicone, e essa questão de longas escalas de tempo deixaria de ser um problema.

Velas feitas de luz: embora ninguém tenha sido soprado rua abaixo por um raio de sol, os fótons (partículas de luz) exercem força — um empuxo — sobre a matéria. Se fôssemos capazes de estender um lençol de matéria por cima do espaço, poderíamos usar o Sol para nos propelir nele. O conceito dessas velas feitas de luz já circula entre nós faz um bom tempo, mas, em 2016, Philip Lubin, da Universidade da Califórnia em Santa Bárbara,[2] propôs o uso de lasers gigantes, muito potentes, em vez do Sol a fim de fornecer luz para a navegação interestelar. Com um laser grande o bastante posicionado na Terra, você poderia acelerar uma vela no espaço (com uma nave atrelada a ela) até quase a velocidade da luz. Dessa maneira, você poderia atravessar distâncias entre estrelas próximas dentro de anos ou décadas, em vez de milhares de anos. O filantropo bilionário Yuri Milner ficou tão fissurado na ideia que acabou doando 100 milhões de dólares para o desenvolvimento de um projeto chamado Breakthrough Starshot [Projétil Estelar Pioneiro].[3] Trata-se de um compromisso de trinta anos de pesquisas, porque é esse tempo mesmo que levarão para desenvolver essa tecnologia. O nó dessa tecnologia para buscar UFOs é que seria preciso outro laser gigante no sistema estelar alvo para te desacelerar, caso você queira parar para uma visita.

Buracos de minhoca: se a velocidade da luz limita quão rápido você pode viajar através do espaço, então a melhor solução para a viagem interestelar pode ser evitar a parte do problema que diz "através". Essa possibilidade foi uma das dádivas que Einstein nos deixou com sua Teoria da Relatividade Geral (TRG). Na relatividade, o espaço não é um vácuo desocupado. Fundido com o tempo numa única entidade chamada espaço-tempo, ele é como um tecido maleável que pode ser pressionado, esticado e dobrado. Os buracos de minhoca são um tipo de túnel espaçotemporal que usa essa dobra para juntar duas regiões muito separadas no espaço. Embora os tais buracos de minhoca (vulgo "pontes de Einstein--Rosen") sejam de fato permitidas pela TRG, infelizmente são instáveis. Assim que um buraco de minhoca se forma (seja lá por qual meio, natural ou outro), quase que imediatamente se fecha. Se os aliens quisessem usar buracos de minhoca para construir um tipo de sistema de tráfego intergaláctico, precisariam encontrar algo que os físicos chamam de matéria exótica. Ela tem propriedades antigravitacionais de verdade, que literalmente rasgam o espaço. Se os aliens possuíssem e pudessem controlar a matéria exótica, seriam capazes de abrir à força duas fatias de um buraco de minhoca e conectar duas partes distantes da mesma galáxia. Antes que você se anime demais, aqui há um grande "porém". A matéria exótica não é real. É apenas um termo que você pode adicionar às equações da gravidade. Tão logo é adicionada a fórmulas, ela muda a maneira como estas se comportam. Oba! Mas isso não significa que o termo representa alguma coisa que de fato existe no universo. Contudo, esse termo antigravitacional é possível dentro do contexto das equações da física da relatividade, de modo que, se a matéria exótica é mais do que o sonho impossível de um físico, talvez possa vir a servir de meio para uma viagem interestelar rápida.

Impulsos de dobra (ou hiperdobras): os impulsos de dobra — ou hiperdobras, ou impulsos de *frameshift* [mudança de quadro], ou seja lá como você queira chamá-los — são um marco da ficção científica. Se você deseja que seus personagens viajem com facilidade pela galáxia, é só instalar a velocidade de dobra na nave deles, que ninguém vai fazer perguntas. Se os aliens fossem capazes de recorrer ao impulso de dobra, iriam mais uma vez usar a ideia do "tecido do espaço" oriunda da TRG de Einstein. Esse impulso não joga você de um lugar para outro através do espaço: ele cria, em vez disso, uma "bolha de dobra" que se estende e depois distende o espaço-tempo ao seu redor. Você não viaja através do espaço mais rápido do que a luz; você dobra e desdobra o próprio tempo em si, com mais rapidez do que a luz. Embora nada possa viajar através do espaço mais rápido do que a velocidade da luz, o próprio espaço (isto é, o espaço-tempo) é capaz de se mover na velocidade que quiser. O legal das bolhas de dobra é que, assim como os buracos de minhoca, eles são teoricamente possíveis dentro da TRG, como demonstrou o físico Miguel Alcubierre em famoso artigo publicado em 1994.* Contudo, como é de esperar, há grandes problemas com o impulso de dobra. Mais uma vez, precisaríamos daquela inexistente matéria de dobra. Mais problemático ainda é que as bolhas de dobra poderiam gerar imensas ondas de choque de raios-gama altamente energizados à medida que se movessem. Assim que você

* ALCUBIERRE, Miguel. The Warp Drive: Hyper-Fast Travel Within General Relativity, *Classical and Quantum Gravity*, v. 11, n. 5, p. L73-L77, 1994.

saísse da velocidade de dobra, essa explosão de energia fritaria tudo em seu rastro e esterilizaria qualquer planeta que você estivesse visitando. Nem de longe é a melhor maneira de anunciar sua chegada a um porto estelar.

Mecânica quântica: a Física Quântica, nossa superpoderosa teoria do mundo atômico e subatômico, é famosa pela esquisitice. Na mecânica quântica, os físicos são obrigados a falar sobre partículas que estão em dois lugares ao mesmo tempo ou sobre duas partículas que afetam instantaneamente uma à outra ainda que se encontrem em lados opostos do universo. Mesmo passados cem anos desde que a mecânica quântica se tornou a mais precisa e potente teoria física já criada, a base de todos os nossos milagres eletrônicos, ainda não podemos dizer que entendemos o que ela nos diz sobre a realidade. De minha parte, acho muito bacana. No entanto, o que ela significa para a viagem interestelar é que na mecânica quântica talvez haja algo escondido que venha a nos permitir burlar as aparentes restrições impostas pela TRG ao espaço e ao tempo. Alguns colegas que trabalham na fusão da mecânica quântica com a TRG para a criação de uma teoria da gravidade quântica até acreditam que o espaço-tempo pode não ser algo fundamental. Pelo contrário, ele poderia surgir a partir de algum aspecto mais oculto da realidade quântica. Então, sim, a mecânica quântica pode ter algumas cartas na manga que talvez as espécies alienígenas avançadas conheçam e explorem para viajar entre as estrelas. Entretanto, cuidado. Ao contrário dos outros itens de nossa lista, neste aqui estamos por enquanto tirando a esperança da cartola. Aqui não há Física — ainda — além de um aceno para a esquisitice quântica.

Então, é isso. Até onde sabemos (o que pode não ser o bastante), isso é tudo o que nós ou os aliens possuem quando se trata de Física e viagens interestelares. Ora, um bom escritor de ficção científica poderia descobrir outras maneiras criativas de imaginar um jeito de pular de estrela em estrela, mas nossa lista basicamente esgota o que um cientista poderia propor com base no que sabemos sobre a realidade (o que é muito). O importante a saber é que, em termos de Física validada pela experiência, tirando as duas primeiras possibilidades, realmente não há mais nada pela frente.

Para concluir, também podemos nos perguntar como uma tecnologia alienígena de dobra interestelar poderia afetar o que eles estariam fazendo por aqui. Se estão restritos a se mover à velocidade da luz ou abaixo dela, isso limitaria sua capacidade de construir uma civilização galáctica. Quando leva duzentos anos para mandar um diplomata entre um planeta e outro e ninguém vive mais do que cem anos, temos um problema. Sim, talvez se possa solucionar o problema com a criogenia, mas ainda assim aquele diplomata levaria duzentos anos para chegar lá. Nesse dia, muito já teria mudado no planeta de origem. Será que haveria o mesmo tipo de governo nos dois mundos quando ele enfim chegasse? E, após as negociações, ainda levaria mais duzentos anos para ele entregar a resposta. É muito tempo para esperar um recado como "Eles disseram: 'Vão para o inferno'" (ou algo parecido).

Tudo isso significa que, se o impulso de dobra ou outra tecnologia mais rápida do que a luz *não* é possível, então nossas ideias sobre civilizações interestelares podem estar muito erradas. Se ninguém é capaz de viajar mais rápido do que a luz, talvez seja cada um dos sistemas solares por si. Nesse caso, nunca teríamos impérios intergalácticos, apenas culturas planetárias individuais. Essas culturas poderiam vez ou outra enviar missões de colonização através das estrelas, mas, dadas as distâncias e dados os tempos de viagem, mesmo que essas colônias fossem bem-sucedidas, elas rapidamente se diferenciaram, em termos culturais, do mundo de origem. Se é isso o que acontece, então os aliens visitando a Terra não são representantes de alguma Federação Galáctica Zorgoviana com vasta experiência em muitos mundos e muitas culturas. Pelo contrário, seriam exceções, e nós poderíamos ser os primeiros hóspedes que eles visitariam.

Agora, vamos fazer uma pausa e respirar fundo. Tudo o que descortinei aqui é uma enorme pilha de especulações. No entanto, elas existem porque a ciência foi levada a sério. Por isso é algo tão divertido de explorar. A vida sempre existe dentro de amarras que o universo impõe a ela. A tecnologia pode forçar essas amarras, mas não faz a existência delas sumir. Qualquer tecnologia alienígena, não importa quão incrível ela seja, teria que lidar com essas amarras. Então agora é hora de perguntar que outros tipos de tecnologia superavançada os visitantes UFOs podem ter em sua caixa de ferramentas.

Tecnologia alienígena

Dentro da garagem de Luke Skywalker

Os UFOs supostamente são capazes de fazer coisas de cair o queixo e desafiar as leis da Física. Eles aparecem do nada e desaparecem com um clarão. Eles viajam em velocidades hipersônicas e param num átimo de segundo. Eles fazem curvas bruscas em ângulos impossíveis. Se forem reais, esses comportamentos podem até desafiar o *nosso* entendimento das leis da Física, mas isso não significa que estejam desafiando a Física *em si*. Como venho enfatizando a ponto de o leitor querer me esmurrar, o mundo físico se baseia em leis da Física, embora não conheçamos todas elas. Se as naves espaciais existem e são capazes de fazer o que os relatórios sobre UFOs dizem que elas são capazes de fazer, que Física desconhecida estaria por trás da tecnologia deles?

Comecemos pela questão de seu desaparecimento. Muitos relatórios sobre UFOs mostram objetos aparecendo nos radares ou para testemunhas e depois sumindo rapidamente. Se isso for verdade, poderia sugerir a existência de um tipo de habilidade de "camuflagem", como aquela que os romulanos têm em *Star Trek*. As naves de fato estariam lá, mas poderiam ficar invisíveis na hora que bem entendessem. Como isso funcionaria?

Conforme discutimos antes, toda luz é a radiação eletromagnética (ondas) de vários comprimentos de onda. A luz do rádio (ondas de rádio) se apresenta em comprimentos de onda grandes como o de prédios, ao passo que o raio X tem comprimentos de onda do tamanho de átomos. Isso significa que, para fazer algo ficar invisível, é preciso fazer alguma coisa com essas ondas. Contudo, o que "invisível" realmente significa? Avistar algo como uma nave espacial dotada de luz envolve duas etapas. Primeiro, você precisa refletir ondas eletromagnéticas vindas da nave e, depois, você precisa de um detector para obter as ondas refletidas. O detector pode ser seus olhos ou um radar em forma de disco. A maneira mais fácil de lidar com esse processo seria construir uma nave com um material que fosse capaz de absorver as ondas eletromagnéticas emitidas, sem deixar reflexos para o detector captar. Ou poderíamos desenvolver materiais que fossem capazes de curvar a luz ao redor da nave, para que nunca chegasse a fazer contato com ela e, assim, não tivesse necessidade de ser absorvida. Por fim, também poderíamos fazer a espaçonave emitir uma luz que imitasse seus arredores, de forma que sempre se ocultaria perfeitamente. Seria um tipo de camuflagem adaptativa e inteligente.

Aliens que possuíssem uma versão de uma tecnologia como essa não seriam cientificamente tão avançados. Nós, humanos, já estamos perto de dominar tais habilidades. Nos últimos anos, os físicos desenvolveram "metamateriais", que têm a capacidade de redirecionar e curvar a luz que recebem. Cobrindo um objeto qualquer com uma fina camada de metamaterial, seria possível defletir a luz emitida por toda a superfície da nave até que fosse ejetada do outro lado. A luz do outro lado também se curvaria ao redor da nave. Dessa maneira, um observador (no caso, você) sempre veria o que quer que houvesse por trás da nave, tornando-a invisível. Ainda estamos bem longe de construir um tanque ou um caça a partir desses metamateriais, mas os princípios básicos estão neste momento sendo testados em laboratórios terrestres.

No entanto, pairar no meio do firmamento ou fazer curvas à velocidade Mach 50 já é outra história.

A ficção científica está repleta de tecnologia antigravitacional. Pense na moto de Luke Skywalker sobrevoando pouco acima do chão, anulando diretamente a força da gravidade. Para entender como a força da gravidade pode ser *desligada*, primeiro precisamos entender exatamente o que os físicos querem dizer quando falam sobre forças. Uma força é posta em funcionamento quando alguma coisa (matéria) empurra ou puxa alguma outra coisa. Após séculos de estudos, os físicos encontraram somente quatro forças básicas: a gravidade, a força eletromagnética, a força nuclear forte e a força nuclear fraca.

Todo mundo já está familiarizado com a gravidade, essa coisa que mantém os planetas em órbita ao redor das estrelas e os nossos pés grudados na superfície da Terra. O eletromagnetismo é a força entre partículas carregadas de eletricidade, como elétrons e prótons. É basicamente a força por trás de qualquer vida, porque as ligações químicas são na verdade ligações eletromagnéticas. É também o que está por trás de toda a nossa tecnologia digital moderna. A força nuclear forte é o que segura os núcleos atômicos unidos. É a base da existência dos diferentes elementos químicos. Por último, a força nuclear fraca está envolvida nas reações nucleares que ocorrem nas estrelas. Tem muito mais coisa acontecendo aí, mas essa descrição mastigada já vai servir para os nossos propósitos.

Tudo o que ocorre no universo, não importa seu nível de complexidade, pode ser reduzido a essas meras quatro maneiras de empurrar ou puxar. O fato é notável por si só, mas não nos diz exatamente o que está empurrando ou puxando. A resposta é: as partículas de força.

Nos anos 1940, os físicos começaram a se dar conta de que cada puxa-empurra entre partículas subatômicas (como elétrons e prótons) sempre envolvia a troca de uma partícula de força. O nome técnico dessas partículas especiais é *bósons de força*. Quando dois elétrons, cada um com uma carga elétrica negativa, se repelem eletromagneticamente, isso não se dá porque de fato empurram um ao outro. O que acontece é que eles trocam um tipo de partícula de força eletromagnética, um fóton (uma partícula de luz). Os fótons são o bóson de força da força eletromagnética. Cada uma das outras forças tem também sua própria partícula de força. O bóson de força da gravidade é chamado *gráviton*. Os grávitons nunca foram observados, porque não temos máquinas experimentais com potência suficiente para sondá-los, mas os físicos acreditam que eles têm que existir.

Precisamos entender tudo isso porque as tecnologias para manipular determinada força se resumem, de uma forma ou de outra, a tecnologias para manipular o respectivo bóson de força. Temos computadores e celulares e todos os outros prodígios eletrônicos porque somos mestres na manipulação do bóson de força do eletromagnetismo, o fóton. Somos capazes de fazer fótons dançarem conforme qualquer música que quisermos. Já as demais forças e os seus bósons são outra história. Controlá-los diretamente exigiria quantidades insanas de energia. O que nos deixa só com um controle frouxo sobre eles. Quando se trata de usar a gravidade na tecnologia, por exemplo, não estamos muito melhores do que homens da caverna quebrando pedras na cabeça um do outro. O próprio fato de pensar em como controlar a gravidade na escala do gráviton está muito além da nossa capacidade. Talvez os aliens sejam melhores em trabalhar com grávitons do que nós.

Criar dispositivos antigravitacionais exigiria ganhar o controle dos grávitons de maneiras com que hoje apenas podemos sonhar. Talvez os aliens saibam como redirecioná-los na escala "sub-sub-subatômica". Talvez saibam como reduzir a troca de grávitons entre a moto de Luke Skywalker e o solo do planeta dele, Tatooine. Nesse caso, a moto (ou um UFO) seria capaz de pairar sobre o solo como se o empuxo gravitacional de Tatooine fosse totalmente inexistente. Comandar grávitons também poderia ser uma maneira de criar gravidade artificial dentro de uma espaçonave, como na *Enterprise* de *Star Trek*. De que outra forma eles conseguiriam se manter em pé sobre a ponte de comando como se não estivessem na vacuidade do espaço?

Ter controle direto dos grávitons também poderia ajudar os UFOs a desacelerar e acelerar rapidamente naquelas guinadas em hipervelocidade. Quando seu carro faz um contorno, a estrada exerce uma força nos pneus que impele o resto do carro a uma mudança de direção. Se você não estiver com o cinto de segurança, sentirá seu corpo deslizar em cima do banco na direção oposta à do contorno. É o cinto de segurança que comunica a força que leva seu corpo a fazer a curva com o resto do carro. A resistência do seu corpo em fazer esse contorno é chamada de *inércia*. Se você tentasse fazer uma curva brusca viajando a 4,8 mil quilômetros por hora dentro de uma espaçonave, a inércia forçaria seu corpo a atravessar o cinto de segurança e se espatifar na parede.

Agora imagine que você está fazendo uma guinada à direita em hipervelocidade, mas também detém o controle sobre os grávitons. Então, talvez você pudesse criar um borrifo de grávitons na hora e da maneira certa, de modo a criar um campo gravitacional que anularia a inércia do seu corpo. Assim, em vez de o cinto de segurança forçá-lo catastroficamente a fazer a guinada (e transformar você em geleia), o falso campo gravitacional poderia equilibrar tudo à perfeição, permitindo-lhe mudar de direção sem nenhum empurrão ou empuxo drástico.

Mas isso seria possível? E quem saberia dizer? O que fiz foi apenas escrever uma história de ficção científica que extrapola loucamente as leis da Física que conhecemos a fim de criar uma possibilidade semiplausível. Pode ser que nada disso seja possível. Talvez a Física não funcione dessa maneira. Para começo de conversa, a criação de algumas dessas tecnologias que acabo de descrever pode exigir uma quantidade de energia encontrável apenas perto de um buraco negro ou logo após o Big Bang. Se os aliens são capazes de construir manipuladores de grávitons, devem ter acesso fácil e contínuo ao mesmo nível de energia que opera nos objetos e condições mais extremos do universo. É algo difícil até de imaginar, mas esse é o tipo de coisa que você precisa pensar se acha mesmo que os UFOs são aliens ricocheteando pelo nosso espaço aéreo. Talvez eles tenham, sim, desenvolvido esse tipo de habilidade. Deus sabe que eu estaria me exibindo caso as tivesse.

Aliens interdimensionais

Ei, cara, sai da minha nave

Há ainda outra possibilidade. Talvez os UFOs não estejam viajando pelo espaço. Embora haja um longo histórico de pessoas alegando que os UFOs são aliens vindos de outros sistemas solares, também há um longo histórico de pessoas alegando que eles vêm de outras *dimensões*.

As "outras" ou "extra" dimensões não são um conceito específico dos loucos por UFOs; os cientistas também são obcecados por essa questão desde sempre. Será que existe alguma conexão entre as outras dimensões da ciência e aquelas dos entusiastas dos UFOs? Para obter uma resposta, daremos um breve mergulho numa das áreas mais espantosas da Matemática e da Física. Se quisermos saber se os aliens vêm de outras dimensões, primeiro precisamos perguntar: o que é de fato uma dimensão? Como dizem os canadenses, é "diversão das grandes". Nem sei dizer a vocês o quanto eu amo a ideia de existirem outras dimensões (bem, na verdade estou prestes a dizer detalhadamente). Amo pensar que há outras dimensões, não por estarem relacionadas a aliens, mas por causa de sua relação com a Física. Chegaremos aos aliens num minuto.

Na verdade, falar sobre dimensões significa falar sobre o Espaço, com E maiúsculo. Qual é o tamanho do espaço, e qual parte dele conseguimos acessar? Para responder, vamos definir *dimensões* de modo concreto.

Você vive em três dimensões. E como é isso? Bem, se você desejar, pode caminhar para a frente e para trás. Também pode se mover para a esquerda ou para a direita, para cima e para baixo.

E acaba por aí.

Além de frente/trás, esquerda/direita e cima/baixo, não existem outras maneiras independentes de nos movermos pelo espaço. O que um físico quer dizer com "independente" é que todo e qualquer movimento que você possa fazer será uma combinação entre frente/trás, esquerda/direita e cima/baixo. Depois dessas três escolhas, você literalmente fica sem espaço para correr, e é isso o que nos diz que o espaço é tridimensional. Todas as coisas que você vê no mundo, como esferas ou cubos ou pirâmides ou congêneres, tudo "vive" em três dimensões. Nem mais, nem menos. Essa ideia, por si só, é bem legal. Mas fica ainda mais legal.

Perto do fim do século XIX, os matemáticos começaram a teorizar sobre outras dimensões que não as três de costume. Passaram a se perguntar sobre as propriedades de esferas quadridimensionais, cubos heptadimensionais e pirâmides decadimensionais. Eles não pensavam que essas outras dimensões eram fisicamente reais, mas as ferramentas matemáticas lhes garantiam acesso a esses espaços abstratos como se eles fossem exploradores à beira de um novo continente.

A expressão "ferramentas matemáticas" soa muito abstrata e imponente. Quando eu tinha dezoito anos, pensei que seria uma boa sacada para impressionar as garotas (quase nunca impressionou). O uso dessas ferramentas significa simplesmente fazer um cálculo para descobrir alguma coisa, como o volume de uma esfera e quanto espaço há dentro dela. Para uma esfera tridimensional, o volume é proporcional ao seu raio, elevado ao cubo (R^3). Se quiser, você também pode imaginar que essa esfera existe num espaço no qual há uma dimensão a mais (uma direção a mais na qual viajar) e refazer o mesmo cálculo. Agora você vai descobrir que o volume é proporcional ao seu raio, mas elevado à quarta potência (R^4). Essa potência extra do raio lhe diz que há literalmente mais espaço dentro da esfera de quatro dimensões do que na de três dimensões. Uma dimensão extra significa mais espaço. Contudo, o ponto principal aqui é mais simples do que isso: para fazer qualquer cálculo usando mais dimensões, basta repetir o que você fez com três dimensões, mas acrescentando um termo a mais para cada dimensão extra. Pode ficar mais complicado do que isso, mas você captou a ideia.

Mesmo depois do cálculo, pode ser difícil imaginar como uma esfera quadridimensional se parece, mas, com uma ajudinha da matemática que acabamos de aplicar, vamos facilitar para você. Ter um vislumbre dessas possibilidades hiperdimensionais exige um bom preparo, mas vamos tentar. A ideia é começar com mundos de poucas dimensões (menos que três) e ir aumentando. Comecemos por imaginar como seria uma esfera de uma dimensão (1D). A realidade num mundo puramente 1D seria formada por uma única linha, a se esticar infinitamente da esquerda para a direita ou vice-versa. Seria esse todo o espaço à sua disposição. Uma esfera 1D seria apenas uma linha do tamanho do diâmetro da esfera (duas vezes o seu raio).

Agora passemos a uma esfera 2D, mais fácil de imaginar. Antes de tudo, como seria uma realidade 2D? Plana, como uma folha de papel a se estender ao infinito em todas as direções. A esfera 2D não passaria de um círculo como os que você desenharia nessa folha de papel. Por fim, todos sabemos como é uma esfera 3D, porque temos muitos exemplos: bolas de praia, de beisebol ou de boliche.

Linha, círculo, bola de beisebol: todos são esferas, mas em dimensões diferentes. Vamos prosseguir.

O importante, quando chegamos a 4D, é ver como uma esfera 3D se conecta a uma 2D, que se conecta a uma 1D. Imaginemos o que aconteceria caso uma esfera 3D (digamos, uma bola de beisebol) "atravessasse para" um mundo 2D. Antes que a bola e o plano infinito do mundo 2D se tocassem, as criaturas 2D vivendo no plano

2D não teriam ideia do que estaria prestes a acontecer. No entanto, tão logo a bola tocasse o plano, imediatamente surgiria um pontinho que as criaturas 2D seriam capazes de "ver". Conforme a bola ganhasse terreno no plano 2D, esse pontinho se tornaria um pequeno círculo preenchido — a interseção entre a bola e o plano 2D. O círculo cresceria até que a bola estivesse ocupando metade do plano e, então, encolheria até voltar a ser um pontinho. Quando a bola perdesse contato com o plano, o pontinho desapareceria. Imagine isso como uma bola de beisebol subindo até romper a superfície de um corpo de água completamente imóvel, e se tornar nítida e suspensa no ar. A "marca" da bola na superfície é a conexão entre o mundo 3D e o mundo 2D.

Agora podemos jogar o mesmo jogo, de 4D para 3D. Não é fácil, mas volte à analogia da bola na superfície da água; deve ajudar. Se uma esfera 4D (vamos chamá-la de hiperesfera) atravessasse para nosso mundo 3D, o que você veria? Da mesma maneira que aconteceu com aquela bola tocando a superfície da água e produzindo um pequeno círculo, você primeiro veria uma bolinha surgir do nada à sua frente. Isso seria a hiperesfera 4D tocando primeiro nosso "plano" de existência 3D, o que faria você se sobressaltar. Completamente pasmo, você observaria essa bolinha crescer mais e mais, conforme a hiperesfera invadisse a nossa realidade. A bola só pararia de crescer quando a hiperesfera estivesse a meio caminho de atravessar para o nosso mundo. Em seguida, a bola começaria a encolher de novo, até — puf! — desaparecer, quando a hiperesfera terminasse de atravessar para o nosso plano 3D. A essa altura, uma bebida forte ou uma ligação para o seu terapeuta cairia bem.

Esse tipo de experimento mental demonstra o incrível poder do pensamento matemático abstrato (que é exatamente o que você acabou de fazer). A utilidade da matemática hiperdimensional se tornou muito clara para os físicos por volta do ano 1900. Ao pegar problemas complexos de nosso mundo tridimensional e "projetá-los" em espaços de mais dimensões, foram obtidos novos insights, e veneráveis problemas antigos foram resolvidos. O exemplo mais famoso de acréscimo de dimensões a um problema foi a teoria da relatividade de Einstein. Na relatividade, o tempo é uma quarta dimensão ao lado das três dimensões já conhecidas do nosso espaço (frente/trás, esquerda/direita, cima/baixo). A relatividade e seu espaço-tempo 4D representaram a maior revolução da Física desde Newton.

O êxito espetacular da Física Matemática no uso de extradimensões (isto é, a relatividade) foi amplamente coberto pelos jornais no começo do século XX. Foi assim que a ideia de dimensões como outros "planos de existência" tomou conta da imaginação popular. O movimento espiritualista, famoso nessa época por causa das sessões espíritas, pegou o que ocorria na ciência e começou a aplicar a nova linguagem às crenças de seus adeptos, dando-lhe um verniz de credibilidade científica. Para os espiritualistas, as dimensões extras eram o reino dos mortos. Era onde eles "viviam" e onde poderiam ser contatados por meio de uma ponte interdimensional. Em pouco tempo as extradimensões e os mundos paralelos começaram a ser associados a um monte de crenças paranormais.

Assim que os avistamentos de UFOs apareceram em peso no começo da década de 1940, algumas pessoas logo trataram de ligá-las a essas dimensões a mais. Foi o cientista francês Jacques Vallée quem de fato popularizou a ideia. Vallée é um personagem muito interessante e muito incomum que trabalhou em problemas técnicos comuns, como interfaces entre humanos e computadores. Vallée também tem um interesse duradouro por UFOs. No fim dos anos 1970, tornou-se aluno de J. Allen Hynek, um astrônomo que fez parte do Comitê Condon. Mais tarde, Hynek se converteu à hipótese extraterrestre, e cunhou o sistema de classificação de contatos imediatos para descrever quão perto uma testemunha se aproximou de um UFO alienígena.

No entanto, Vallée foi mais longe que Hynek. Apoiando-se nos escritos do psicanalista Carl Jung, Vallée ficou convencido de que os UFOs não estavam viajando de planetas alienígenas até a Terra via espaço tridimensional. Em vez disso, estavam vindo de outras dimensões. Essa se tornou a "hipótese interdimensional". Assim como aquelas esferas 4D atravessavam para o espaço 3D, os UFOs estariam atravessando dimensões para vir nos visitar. Para Vallée, isso explicava por que os UFOs conseguiam aparecer e logo desaparecer visualmente bem como nos radares.

Desde o trabalho de Vallée, a hipótese interdimensional mantém um firme, mesmo que pequeno, grupo de expoentes. Sem dúvida, a hipótese extraterrestre é a perspectiva predominante, mas a ideia de que os UFOs são seres de outras dimensões ainda se mantém atraente. Isso é particularmente verdadeiro para as pessoas que tendem a crer no paranormal.

Neste ponto, eu poderia continuar a dizer o quanto o uso do pensamento hiperdimensional na Física moderna pode ser incrível, extraordinário, lindo... Passei boa parte da minha vida como físico teórico imaginando donuts de seis dimensões, deixando que os detalhes de seu formato descortinassem a fronteira entre a ordem e o caos no movimento dos planetas no sistema solar, por exemplo — alguns dos meus momentos mais tocantes. Mas a verdade sobre as extradimensões é a seguinte: elas não existem.

Do ponto de vista da Física, nunca, jamais houve evidência de que exista uma extradimensão do espaço sequer além das três que já experimentamos. E não foi por falta de tentativa.

Vejamos as quatro dimensões do espaço-tempo de Einstein. O que realmente ocorre na teoria da relatividade de Einstein é que você pega o tempo e o "espacializa", ou seja, você o aborda matematicamente como se se tratasse de uma dimensão do espaço como outra qualquer. No entanto, o tempo sempre é diferente das outras dimensões. Para comprovar isso, apontemos para o fato óbvio de que posso ir para a frente e para trás em cada uma das três dimensões espaciais (esquerda, depois direita; para a frente, depois para trás), mas a triste verdade é que, no tempo, só posso caminhar numa direção. É triste porque essa placa gigante de MÃO ÚNICA na Rua do Tempo é o motivo pelo qual morremos. Apesar de todas as grandes histórias de ficção científica sobre viagem no tempo, há zero evidência de que isso seja possível. O tempo não é o espaço, nem uma extradimensão do espaço.

Por outro lado, é verdade que houve algumas teorias da Física afirmando a existência de extradimensões espaciais. Um exemplo famoso é a Teoria das Cordas, que alega que, na verdade, o universo possui dez dimensões espaciais. Segundo essa Teoria, não conseguimos enxergar as sete extradimensões porque elas estão todas enrodilhadas, como num canudinho feito com papel enrolado. A ideia é ótima, mas, apesar de décadas de estudos, a Teoria das Cordas nunca produziu nada próximo de uma previsão experimentalmente verificada, e não parece mais tão promissora para a maioria da comunidade dos físicos.

Também existe a ideia do multiverso. Trata-se da teoria de que o Big Bang não produziu apenas um universo, mas vários "universos de bolso", como o nosso. O multiverso inclui infinitas versões de nós fazendo infinitas versões do que quer que estejamos fazendo neste momento. Infelizmente, esse tipo de universo paralelo não funciona para os UFOs, porque eles não são de fato paralelos. Eles não existem em outras dimensões. São todos parte do mesmo espaço do Big Bang, e, por definição, acham-se tão distantes que os UFOs desses outros universos jamais conseguiriam nos alcançar. Por fim, embora uma versão do multiverso ou outra seja ótima para os escritores de ficção científica (ei, Universo Cinemático Marvel, te amo), nunca houve evidência alguma para sustentá-la. Não passa de uma ideia que um punhado de físicos acalenta, enquanto o resto de nós acha desinteressante ou pensa que está muito errada.

Então, me desculpe. Mesmo. Amo a ideia de existirem outras dimensões na Física Matemática, e a amo na ficção científica. Contudo, não há evidência alguma de que o número de dimensões *de verdade* no espaço *de verdade* no universo *de verdade* seja maior do que três.

Mas o que eles estão fazendo aqui?

O argumento do farol alto e outras perguntas

Vimos os tipos de tecnologia de que os aliens precisariam para chegar até nós através de distâncias interestelares. Também vimos de que tecnologia eles precisariam para que seus UFOs turbinados fossem capazes de se comportar de maneiras impossíveis, como algumas pessoas alegam. Por fim, também demos uma espiada nas extradimensões, que é de onde outros alegam que os UFOs vêm. Então, temos um bom domínio do *que*, do *onde* e do *como* relacionados aos UFOs e aos aliens. Antes de deixarmos o assunto e passarmos para a busca científica por alienígenas no espaço e não na Terra, alguns pontos importantes ainda precisam ser abordados. Quero repassar essas coisas porque, como um cientista que pensa em alienígenas todos os dias, alguns temas comuns sobre UFOs influenciam grande parte do debate para mim.

O primeiro ponto é o que chamo de argumento do farol alto. Muito do debate sobre UFOs gira em torno de avistar objetos no céu fazendo coisas incríveis. Mas parece que nunca conseguimos dar uma boa olhada neles. "Eu vi luzes no céu" é o refrão mais citado. As luzes aparecem, se movem de maneiras estranhas e impossíveis, então saem voando em velocidades impossíveis. Também se veem coisas durante o dia, mas elas sempre desaparecem antes de se poder obter imagens de alta resolução. A lição disso tudo é simples. Os aliens nunca se anunciam nem ficam parados para que todos possam dar uma boa olhada neles. Eles não querem que a gente saiba que estão aqui. Querem permanecer escondidos. Esse aspecto dos UFOs é o que leva à minha grande pergunta: se eles querem permanecer escondidos, por que são tão ruins nisso?

Pense um pouco. Os UFOs supostamente são espaçonaves que cruzaram distâncias vastas e hostis entre as estrelas. Possuem tecnologias potentes que lhes permitem desafiar as conhecidas leis da Física. Ainda assim, com todas as suas habilidades, não conseguem desligar os faróis.

Se esses aliens realmente quisessem permanecer ocultos de nós, se realmente não quisessem que os víssemos, como é que toda vez nós os vemos… ou quase? Será que enviaram sua pior classe, aquela que não sabe quais botões apertar para ligar o manto de camuflagem? Será que são apenas um bando de adolescentes zorgovianos que roubaram o disco voador do pai e saíram para bagunçar?

Simplesmente não faz sentido.

Além disso, nossas câmeras evoluíram muito desde 1947. Então, por que a maioria das imagens de UFOs e UAPs não passa de manchas tremidas ou borrões desfocados? Essa questão se aguçou em fevereiro de 2023, quando o governo americano abateu um balão-espião chinês. Algumas semanas depois, publicou-se uma imagem tirada de dentro da cabine de um jato U-2 de alta altitude. É praticamente uma selfie, e a imagem é supernítida. Do lado da cabeça do piloto, também dá para ver o balão esférico e distinguir detalhes da carga logo abaixo, incluindo os painéis solares ativados. Após setenta anos de avistamento de UFOs, não deveria haver pilhas desse tipo de imagens? Em vez disso, a prevalência de imagens manchadas e borradas serve de prova de que o que está sendo visto é produto do ambiente ou das próprias câmeras, e não coisas físicas capazes de deixar imagens nítidas em câmeras ou em armazenamento eletrônico.

É aqui que iremos interromper nossa reflexão sobre UFOs e UAPs. Quero deixar claro que sou completamente a favor de um estudo científico completo, aberto e transparente desses fenômenos. Já é uma coisa boa que o estigma envolvendo os avistamentos por pilotos tenha se extinguido. Isso nos permite ter um maior domínio sobre como é frequente o avistamento de coisas esquisitas no céu. De uma perspectiva científica, isso é um primeiro passo para entender o que essas coisas esquisitas são. Embora na maior parte do tempo eu veja essa questão como algo da jurisdição da defesa nacional, como cientista sou obrigado a permanecer agnóstico até que os dados sejam definitivos. Para fazer ciência, precisamos de dados científicos de verdade. Esse é o estágio em que talvez estejamos entrando agora, e ainda vamos ver aonde nos levará.

No entanto, como um cientista profundamente interessado na vida lá fora, não acho que a Terra seja o foco da questão. Se você quiser encontrar nativos do Nebraska, começaria procurando numa aldeia remota no Himalaia? Provavelmente não. Ao contrário, você iria para o Nebraska, que é onde os nativos vivem. Da mesma forma, se estamos em busca de vida alienígena, devemos procurar em planetas alienígenas. Isso não era possível antes, mas agora é. Estamos finalmente prontos e somos finalmente capazes de procurar sinais de vida em mundos distantes. Onde procurar e como — e o que podemos esperar encontrar — é o objetivo do restante deste livro.

5

APELO DO GUIA CÓSMICO?

Onde procurar por aliens

Quando Frank Drake levou a cabo sua pioneira busca por vida alienígena em 1960, ele estava no escuro quanto ao tamanho do cosmos. Qual seria o melhor lugar para começar a procurar sinais de civilizações alienígenas? O melhor palpite à disposição dele era escolher estrelas próximas parecidas com o Sol. No entanto, a vida não se forma em estrelas; ela se forma em planetas (sua superfície, mesmo a das estrelas mais frias, é tão quente que reduziria qualquer forma de vida a átomos). Em 1960, ninguém sabia se existiam outros planetas fora de nosso sistema solar. Na verdade, ninguém sabia disso nem em 1970, nem em 1980, nem em 1990. No ano 2000, no entanto, as coisas mudaram dramaticamente. A humanidade conheceu seus primeiros planetas extrassolares, ou *exoplanetas*. De repente, o universo parecia muito mais hospitaleiro a formas de vida. Descobrimos onde a vida alienígena poderia começar e onde poderia perseverar, e isso mudou tudo. Finalmente estávamos prontos para ir à procura de alienígenas.

Nas últimas décadas, fomos de saber sobre uns poucos exoplanetas a elaborar um exaustivo censo de mundos alienígenas. Os resultados desses estudos foram de arregalar os olhos. Encontramos mundos que podiam ser feitos de diamantes, mundos que podiam ser formados apenas por oceanos, mundos que podiam estar cobertos de gelo. Pensar que esses planetas são lugares de verdade, que existem aqui e agora conforme você lê estas palavras, nos quais o vento sopra por entre cânions, a neve cai sobre vales e as ondas arrebentam no litoral, já basta para expandir os horizontes da nossa mente. A possibilidade de que a vida, com toda a sua criatividade, possa ter invadido esses lugares pode causar um acesso de vertigem cósmica.

O sistema solar também tem suas próprias oportunidades de abrigar vida fora da Terra. Mesmo que Marte seja hoje um deserto gelado com quase nenhuma atmosfera, foi outrora um mundo onde a água em estado líquido corria pela superfície e se juntava em vastos lagos ou mesmo em rasos oceanos.* É possível que a vida tenha se formado em Marte antes de aquele mundo perder a maior parte de sua atmosfera, 4 bilhões de anos atrás. Já que Marte aparece desde sempre na brincadeira da busca por vida, não vamos cobri-lo nos capítulos a seguir. (Enviamos tantas sondas e naves para lá que o planeta agora é quase um estacionamento de robôs.) Contudo, como veremos, existem outros lugares no sistema solar, como as luas oceânicas de Júpiter e Saturno, que podem abrigar vida, e esses planetas talvez nos contem alguma coisa sobre os exoplanetas oceânicos, que talvez sejam comuns.

Já que estamos interessados principalmente em formas de vida, vamos começar fazendo a conexão entre a vida e os planetas. A primeira parada em nossa viagem pelo cosmos é a questão da *abiogênese*. Como é que a vida tem início num mundo sem vida?

A origem da vida

O experimento de Miller-Urey e a abiogênese

A vida é um negócio estranho.

Não me refiro à sua vida ou a qualquer coisa estranha que esteja acontecendo com você neste momento (se estiver, tenho certeza de que vai ficar tudo bem). Quero dizer que a vida como um fenômeno no universo é um negócio estranho. É claro que os buracos negros e sua capacidade de dobrar o espaço e o tempo são estranhos. E, sim, a Física Quântica é cheia de paradoxos de causar tontura. Mas nada

* Recentemente, a sonda InSight detectou água líquida a doze quilômetros de profundidade. (N.R.T.)

disso se compara ao que está acontecendo *agora mesmo* em cada célula do seu corpo. Por exemplo, neste momento há milhões de nanocaminhões de reboque transportando cargas moleculares por linhas ferroviárias que se constroem sozinhas e que cruzam as vastidões das minúsculas e invisíveis células existentes dentro de você. Esse é só um exemplo. Eu poderia continuar por horas e horas.

Acontece que não existe nenhum outro sistema, nenhum outro tipo de coisa no universo que possa se comparar à vida. É a capacidade que a vida tem de criar e inovar o que a torna inigualável. Mas como ela teve início? Se a vida é tão estranha e diferente, como é que ela um dia foi gerada? Se quisermos saber sobre a vida em outros lugares, precisamos primeiro saber como ela tem início em qualquer lugar. Isso significa entender um pouco sobre como a vida começou aqui na Terra. É claro que a vida em outros planetas pode ser diferente. Pode usar uma base química distinta ou princípios evolutivos diferentes. Vamos considerar essas possibilidades, tudo no seu tempo. Mas, já que só temos um único exemplo de vida, faz sentido começar pela Terra.

O estudo das origens da vida é o estudo da *abiogênese* — a criação de vida a partir da não vida. A meta de pesquisa da abiogênese é compreender como as leis básicas da Física e da Química permitiram que um punhado de elementos mortos de alguma forma se combinassem e formassem organismos vivos. É algo ambicioso, mas nos últimos setenta anos houve um avanço notável na lista de requisitos básicos necessários para resolver o problema. Para obter algum conhecimento da abiogênese, comecemos pensando no que queremos dizer quando dizemos a palavra "vida".

Um marco da vida é a *reprodução*. A vida faz cópias de si mesma. A vida também sempre envolve o *metabolismo*. Ela consome energia para continuar existindo. A vida também é *sensível* a seu ambiente. Por último, a vida é dotada de capacidade de mudança. Pode *transformar-se* de um ciclo reprodutivo a outro, o que é a base de sua capacidade evolutiva. E toda a atividade da vida se apoia na atividade molecular. A estranheza da vida começa no nível molecular.

No entanto, não é qualquer mera molécula que serve. A vida na Terra se sustenta sobre um conjunto muito reduzido de peças de Lego para fazer seu trabalho. Especificamente, a química orgânica implica principalmente combinações de carbono, hidrogênio, nitrogênio, oxigênio, fósforo e enxofre. Isso não significa que a vida fora da Terra não pode ser construída sobre um andaime molecular diferente, mas significa que se espera algum tipo de andaime formado por um conjunto restrito de átomos.

Então, temos reprodução, metabolismo, sensibilidade e mutação na lista do que a vida é capaz de fazer. Como ela faz isso no nível molecular? A partir de agora, vou mostrar um panorama de alguns pontos importantes de toda essa história. Ele é incompleto porque a história é movimentada demais, mas você pode usá-la para impressionar as pessoas na próxima festinha (a não ser que haja algum biólogo por perto, daí é melhor você sair de fininho).

Boa parte das funções do seu corpo é operada por proteínas, que, em termos estruturais, são polímeros. É um jeito chique de dizer que elas são longas cadeias feitas de moléculas menores chamadas aminoácidos. As proteínas são construídas em suas células por aminoácidos em fabriquetas fantásticas chamadas ribossomos. Esses ribossomos sabem exatamente quais aminoácidos combinar para fazer as proteínas de que você precisa, exatamente quando você precisa delas. Como os ribossomos sabem o que devem juntar? A informação exigida para guiar toda essa construção de proteínas está armazenada em outro tipo de molécula, chamada ácido desoxirribonucleico (DNA). Os detalhes de como a informação no DNA é lida e levada até as fábricas ribossômicas são vertiginosos de tão complexos. A vida no nível molecular é impressionante, enlouquecedora até. É o que torna a ciência por trás dela tão chocante e maravilhosa. Como é que isso acontece? Como é que um punhado de moléculas minúsculas pulando para lá e para cá acaba agindo como um código de computador que armazena informação e se autorreplica?

Lá nos anos 1920, o cientista russo Alexander Oparin e o pesquisador britânico J. B. S. Haldane inventaram a teoria moderna da abiogênese quando propuseram que a vida começava com precursores das moléculas biológicas que se formavam por meio de processos naturais ocorridos na jovem Terra. A ideia era simples: se você conseguisse juntar todos os elementos básicos da bioquímica no mesmo lugar e os deixasse ali por tempo suficiente, eles se combinariam numa forma que começaria a se autorreplicar. Embora a ideia seja simples, na época foi muito controversa. Ninguém tinha prova alguma de que esse tipo de montagem automática dos precursores da vida podia ocorrer por meio de processos naturais. É claro que ninguém tinha uma ideia cientificamente testável de como a vida começava; então, tudo era um campo novo. Foi então no começo da década de 1950 (parece até que todo o material importante deste livro começou em 1950) que um experimento esplêndido mostrou que Oparin e Haldane estavam no caminho certo.

Em 1953, dois químicos da Universidade de Chicago, Stanley Miller e Harold Urey, criaram uma versão simulada das origens da Terra, usando um tubo de ensaio. Pegaram moléculas simples, como metano, amônia, hidrogênio e água, e meteram todas num vidro. A mistura tinha como função imitar a atmosfera dos primeiros tempos da Terra. Em seguida, eles acrescentaram energia, na forma de uma corrente elétrica. Foi a versão deles de um raio, algo que se podia esperar em qualquer atmosfera. Por fim, deixaram os resultados sedimentarem no fundo de um bico de Bunsen, a versão deles de um lago em algum lugar do jovem planeta.

Depois de conduzir o experimento durante uma semana, Miller e Urey descobriram que uma "gosma marrom" havia sedimentado no lago de mentirinha. Uma análise química mostrou que a gosma era uma sopa rica de moléculas prebióticas, como glicina, ácido láctico e ureia — todas moléculas importantes de que a vida lança mão com grande frequência. Contudo, o mais importante de tudo é que uma parte significativa das moléculas que flutuavam na gosma marrom era de aminoácidos. O composto básico das proteínas da vida estava simplesmente lá, no fundo do frasco. Parecia que tudo o que os cientistas precisavam fazer era esperar um pouco mais, e uma ameba teria saído rastejando do bico de Bunsen. A velha questão de como a vida tinha início parecia a um ou dois passos de ser resolvida!

O experimento de Miller-Urey foi um divisor de águas, uma surpresa enorme e um clássico instantâneo da história da Bioquímica. Para muitos cientistas, foi uma prova de que é possível usar matéria não viva para que os processos naturais da Física e da Química acabem por formar a base molecular da vida. Muitos estavam já prontos para cantar vitória.

Revelou-se que a coisa era um pouco mais complicada — na verdade, mais do que "um pouco". Estudos subsequentes deixaram claro que a jovem Terra não possuiria uma atmosfera como a que Miller e Urey tinham presumido. Mais tarde, cientistas se deram conta de que outros ambientes além de lagos quentes com uma sopa primordial de moléculas prebióticas seriam melhores pontos de partida para a vida. Por exemplo, alguns pesquisadores focaram os orifícios vulcânicos no fundo do oceano, onde as rochas derretidas entram em contato com a água do mar, criando um ensopado de elementos químicos pronto para fazer a biologia agir. A água quente também era importante, porque moléculas aquecidas colidiam entre si com mais rapidez do que moléculas frias. Quanto mais colisões aleatórias, mais rápido todo o processo funcionava.

Tão importante quanto isso, porém, foi que os pesquisadores logo se deram conta de que as proteínas não eram o bastante. O verdadeiro problema era conseguir que a replicação continuasse. Cálculos mostraram que a montagem de DNA a partir de colisões aleatórias pode demorar mais do que a idade do universo. E isso não é bom. Tal fato levou os cientistas a pensar que a primeira molécula a copiar a si mesma não podia ser o DNA. Então, seu foco se voltou para o RNA (ácido ribonucleico). O RNA é como uma fita da dupla hélice do DNA com uma ligeira diferença química em sua base. O RNA é central para a máquina da vida porque copia as instruções do DNA e transfere a informação para as fábricas ribossômicas de proteínas. Ao mudar o foco para o RNA, os biólogos passaram a obter mais êxito. Esses modelos de "mundo de RNA" começam com simulações computadorizadas de meio ambiente contendo várias fitas minúsculas de RNA que podem ser montadas por colisões em menos de um segundo. Assim, os modelos mostraram que as mesmas colisões podem construir sequências de RNA muito mais longas e, ainda mais importante, autorreprodutivas, em cerca de 300 mil anos. Isso pode parecer demorado para nós, mas, para a história inicial da Terra, é um piscar de olhos.

Dos experimentos de Miller-Urey até as modernas simulações computadorizadas do mundo de RNA, o sucesso dos estudos da abiogênese pode ser mais uma questão de oportunidade do que de probabilidade. Está claro que a natureza sabe como criar os blocos de construção da vida. Encontraram-se aminoácidos até mesmo flutuando ao redor de nuvens interestelares! Na verdade, a questão é como exatamente esses blocos de construção se combinam por meio de colisões aleatórias em algo capaz de reproduzir a si mesmo. Assim que começa a replicação é que o jogo da vida pode finalmente começar. Quando cria tantas cópias de si mesmo, o replicador acaba por predominar e logo superar todos os outros processos químicos em sua tentativa de construir concentrações de outros elementos. Agora adicione a mutação e a evolução à mistura, e o replicador pode começar a fazer melhores e mais interessantes versões de si. Os cientistas até mesmo verificaram que os lipídios podem formar pequenas bolsas ou protomembranas à medida que flutuam por aí em piscinas de elementos químicos. Talvez alguma primeira versão de uma molécula replicadora tenha começado usando essas membranas de lipídio para proteger-se, 4 bilhões de anos atrás, criando uma primeira protoversão da célula.

O principal ingrediente de tudo isso é o tempo. Os cientistas humanos não podem se dar ao luxo de esperar mais do que algumas décadas para ver se seus experimentos darão certo. Já a natureza não é tão impaciente. A sopa prebiótica poderia ferver por centenas de milhares de anos, formando incontáveis combinações moleculares, até que a autorreplicação ocorresse aleatoriamente. Quando as pessoas se perguntam se a vida poderia se formar a partir da ausência de vida, com frequência se esquecem de levar em conta os vastos períodos disponíveis para o processo continuar. Estamos falando na ordem de centenas de milhões de anos aqui. Um milhão de vezes a nossa expectativa de vida.

Graças ao experimento de Miller-Urey e ao trabalho que se seguiu, existe hoje uma sólida fundamentação científica para entender como a vida pode surgir da não vida. Há ainda muitos grandes mistérios por revelar, mas a possibilidade básica da abiogênese deixou de ser um deles. Ela nos proporciona um terreno seguro para podermos olhar para trás e compreender como a vida se formou na Terra, ou olhar para a frente e compreender como teria se formado ou irá se formar em mundos alienígenas. Dessa perspectiva molecular, estaremos numa posição boa para compreender o mecanismo da vida alienígena quando encontrarmos evidência dela.

As luas oceânicas

Quem poderia imaginar?

Se a busca por vida é também a busca por água, há toda uma categoria diferente de alvo se escondendo nos confins do sistema solar. Considere por um instante todos os oceanos da Terra — as vastas extensões do Atlântico, de Terra Nova e Labrador até a Irlanda, ao norte, e da ponta da Argentina até o Chifre da África, ao sul. E não se esqueça da infinita vastidão do Pacífico, com seus cânions profundos erguendo-se por nove quilômetros debaixo d'água. Agora, guarde a imaginação de toda essa água na sua cabeça e considere o seguinte (e enlouquecedor) fato sobre o sistema solar: toda a superfície da água na Terra perfaz somente cerca de metade do volume do oceano de uma pequena lua de Júpiter chamada Europa, apenas uma das *luas oceânicas* do sistema solar.

Júpiter e Saturno, por si sós, não são um bom lugar para a formação de vida. Esses mundos imensos não têm superfície. São apenas infindáveis profundezas feitas de hidrogênio e gás hélio, que atingem pressões capazes de esmagar um submarino (e até mesmo diamantes) à medida que se chega mais perto delas. Os gigantes gasosos são cercados de famílias estendidas de luas orbitais. Boa parte delas não passa de asteroides capturados. Um punhado dessas luas, no entanto, são de pequenos mundos dignos desse nome. Em 1979, a Nasa mandou sondas para além de Júpiter, e as imagens de alta resolução que tiraram de Europa, a segunda lua mais próxima, foram nada menos que chocantes.

Em comparação com a maioria dos outros objetos no sistema solar, a superfície de Europa era lisa como um bumbum de neném.

Ao contrário da maioria das outras luas, nela quase não havia crateras. Em vez disso, as imagens mostraram uma rede de linhas rachadas que se pareciam muito com as fendas no gelo ártico. E eram exatamente isso. Os astrônomos logo se deram conta de que, ao contrário das outras luas orbitando ao redor de Júpiter, Europa era inteiramente coberta por uma camada de gelo de ao menos nove quilômetros de espessura! Debaixo desse manto de gelo havia um oceano de água líquida que se estendia por 96 quilômetros de profundidade. A Europa é uma lua rochosa inteiramente coberta por um oceano profundo, encimado por um grosso cobertor de gelo.

O fato de que Europa tinha tanta água fez aumentar a expectativa dos astrônomos quanto à existência de vida no sistema solar. Júpiter e Saturno ficam muito longe da zona habitável do Sol; então, ninguém nunca lhes dedicou muita atenção como possível lar para a vida. No entanto, assim que o oceano de Europa foi descoberto, os cientistas ganharam outro mundo dentro do sistema solar que abrigava o recurso mais importante para a vida. De repente, a questão da vida em Europa ganhou relevância. Mas nenhum raio de sol jamais penetraria sua crosta gelada de nove quilômetros de altura. Sem luz, o que poderia abastecer a biosfera de Europa?

A resposta é uma de nossas outras forças: a gravidade.

Júpiter é um planeta imenso com 317 vezes a massa da Terra. O empuxo gravitacional de toda essa matéria joviana estica e aperta o interior das luas de Júpiter, incluindo Europa. É o mesmo processo que cria as marés aqui na Terra, em sua maior parte ocasionadas pela gravidade da Lua. As marés de Júpiter esticam e comprimem o núcleo rochoso de Europa conforme ela gira em sua órbita. Todo esse esticar e comprimir faz a lua esquentar, derretendo parte de seu interior rochoso. Esse calor é uma fonte de energia que pode abastecer toda a vida em Europa.

Na Terra, a vida pode ter começado nos orifícios abissais, onde o calor e a rocha derretida fervilham através da crosta do planeta. O mesmo processo poderia ter acontecido, ou pode estar acontecendo agora, em Europa. Lá no fundo do mundo escuro dos oceanos gelados dessa lua pode haver vastos ecossistemas abastecidos por orifícios termais. Quem saberá dizer que tipo de criaturas a evolução pode ter gerado, a viver lá no calor e na química maluca possibilitada pela rocha derretida quando toca a água em estado líquido? Por mais excitante que seja essa ideia, Europa não é o único lugar onde esse tipo de drama pode estar sendo encenado.

Enceladus é uma pequena lua que orbita ao redor do gigante gasoso Saturno. Em 2005, a sonda espacial Cassini, girando ao redor de Saturno, produziu imagens que abalaram o mundo astronômico. Borrifos de água de centenas de quilômetros de altura foram vistos explodindo no espaço, saídos de rachaduras profundas no hemisfério sul de Enceladus. Mais um oceano de subsuperfície havia sido descoberto. Quando os cientistas ordenaram que a Cassini sobrevoasse os borrifos, os instrumentos da espaçonave revelaram que a água era, na verdade, *salmoura*, água misturada com sal e outros componentes. Acrescentar sal à água altera suas propriedades de maneiras que os cientistas julgam importante para a origem da vida. Por exemplo, uma salmoura salgada seria capaz de resistir mais ao congelamento do que a água livre de sal. Isso poderia estender sua capacidade de abrigar reações bioquímicas mesmo em ambientes realmente frios.

Enfim, existe vida nessas luas? Por Deus, espero que sim. Seria tão legal. Mas não vou mentir para você: encontrar essa tal vida não será fácil. A única maneira de ter certeza é mandar robôs cruzarem 1 bilhão de quilômetros até Júpiter e 1,4 bilhão de quilômetros até Saturno. E depois? Fazê-los perfurar quilômetros de gelo? Sair derretendo tudo até lá embaixo? É difícil inclusive imaginar qual tecnologia seria capaz de qualquer uma dessas coisas. Apenas o tempo, a engenhosidade e o financiamento poderão dizer qual é o melhor caminho.

É o seguinte: se essas luas oceânicas existem em nosso sistema solar, provavelmente existem em outros também. Isso abre muitas possibilidades para a vida e até mesmo para a inteligência. Poderiam surgir civilizações tecnológicas nessas luas oceânicas revestidas de gelo? Como seriam? Se elas não conseguem nem enxergar as estrelas, como seriam capazes de imaginar o universo? Será que em algum momento conseguiriam escapar do gelo? Essas perguntas vivem na fronteira entre a ciência e a nossa imaginação. O que podemos afirmar é que as luas oceânicas existem em nosso próprio sistema solar, e aumentam as apostas pela vida no cosmos de maneiras que ninguém antes teria imaginado.

Exoplanetas

A revolução será telescópica

"Existem outros planetas fora do nosso sistema solar?" é uma pergunta tão velha quanto a pergunta pela vida. Por 99,9% de toda a história humana, ninguém soube se nosso sistema solar, com sua estrela central e sua família de mundos, era um ponto fora da curva. Parecia totalmente possível que planetas como a Terra e Júpiter fossem mesmo muito difíceis de se formar, tornando nosso sistema solar um tipo de joia ultrarrara na galáxia. Por outro lado, talvez os planetas fossem fáceis de criar, tornando nosso sistema solar tão comum quanto poeira. O único jeito de dizer era encontrar um planeta orbitando ao redor de outra estrela.

Os planetas são muito pequenos, e as estrelas, muito grandes. Isso resume por que era tão difícil encontrar planetas fora de nosso sistema solar. Tentar imaginar um planeta orbitando uma estrela distante é quase o mesmo que vasculhar de São Francisco a Nova York em busca de um vaga-lume voejando em torno de uma lâmpada no estádio Citi Field (pra cima deles, Mets!). Boa sorte com isso. É um problema tão difícil que as pessoas, por séculos, tentaram outras maneiras de detectar exoplanetas. Elas falharam — e muito.

Já que a vida tem início em planetas, encontrar aqueles fora de nosso sistema solar sempre foi uma prioridade da astronomia. A história está repleta de profissionais dessa área que arruinaram a própria carreira ao alegar ter detectado um exoplaneta. Mesmo tarde, já nos anos 1960, houve cientistas que desistiram das alegações de detecção de exoplanetas com as quais ninguém mais concordava. O que foi que mudou, permitindo aos astrônomos finalmente "enxergarem" um? A tecnologia de precisão. O primeiro exoplaneta foi descoberto quando se observou a *estrela* se mexendo só um bocadinho mais para lá devido ao efeito relativamente minucioso da gravidade do planeta. Esse método de "velocidade radial" requeria instrumentos de extrema sensibilidade. Assim que começamos a descobrir sistemas solares além do nosso próprio, revelou-se que *nós* éramos os esquisitões.

Se você se lembra das aulas de Ciências do sexto ano, sabe que o sistema solar abrange, em seu interior, um apanhado de planetas de núcleo "rochoso" e, em seu exterior, planetas "gasosos". Os planetas do interior são relativamente pequenos e possuem órbitas apertadas, muito próximas deles. Mercúrio leva apenas 88 dias para completar uma volta em órbita, enquanto Marte leva cerca de 687. Os gigantes gasosos e gelados do exterior são muito maiores, com órbitas extensas que podem levar décadas para fazer uma volta completa. Sem ter nada mais a que se agarrar, era sensato pensar que a maioria dos sistemas solares teria esse mesmo tipo de arquitetura. No entanto, a natureza não é sensata.

O primeiro exoplaneta a ser descoberto, chamado 51 Pegasi b — porque orbita ao redor da estrela 51 Pegasi —, tinha o tamanho de Júpiter. Levava-se apenas quatro dias para orbitar ao seu redor, o que o tornava quase dez vezes mais próximo de sua estrela em comparação à distância entre o inferno chamado Mercúrio e nosso Sol. Os cientistas alcunharam esse novo tipo de planeta com o criativo nome de "Júpiter quente". Por serem colossais e possuírem órbitas incrivelmente próximas, a detecção de Júpiteres quentes era favorecida, porque eles causavam mais abalos na estrela hospedeira. Isso os torna fácil de ver com o método da velocidade radial. Logo, montes de outros Júpiteres quentes foram descobertos.

Então, a coisa ficou ainda mais estranha.

Conforme os anos 1990 chegavam aos 2000, novas técnicas de descoberta de planetas foram adicionadas à caixa de ferramentas dos astrônomos. A adição mais importante era basicamente procurar pela versão exoplanetária de um eclipse; quando um planeta passa na frente de seu sol, ele bloqueia um tantinho da luz estelar. Os astrônomos chamam esse minieclipse de "trânsito", e, na segunda década do novo milênio, eles estavam usando o método do trânsito para fazer detecções massivas de exoplanetas. A enxurrada de novas descobertas se deveu na maior parte a um telescópio espacial chamado Kepler. Antes da missão Kepler, os astrônomos haviam descoberto algumas centenas de exoplanetas. Três anos após seu lançamento, o Kepler inflou esse número à ordem dos milhares.

Muitos dos planetas recém-descobertos eram exemplos impressionantes de bizarrice. A maioria das estrelas do universo é menor e muito mais apagada do que o Sol, e, portanto, elas são chamadas de estrelas anãs. Os planetas em zonas habitáveis ao redor de estrelas anãs se acham tão próximos que, para se completar uma volta em órbita, são necessárias de umas poucas semanas até um mês (isto é, nelas um ano duraria no máximo uma semana). Eles também se acham tão próximos que, durante o dia, as estrelas aparecem imensas no céu do planeta, quando comparadas com o nosso Sol, que parece ter o tamanho de uma moeda segurada num braço estendido. Por falar em noite e dia, uma das maiores esquisitices dos planetas habitáveis em estrelas anãs é que o sol nunca se mexe no céu. Um planeta em estrela anã na zona habitável pode estar tão próximo de sua estrela que a gravidade da estrela restringe a rotação do planeta em órbita. Isso significa que o mesmo lado do planeta sempre aponta na direção da estrela. Isso resulta no sol parado lá no mesmíssimo lugar durante todo o tempo do dia desse planeta. De noite, é sempre noite, para todo o sempre. Qualquer vida que se forme nesses planetas (se é que a vida pode se formar neles) teria que evoluir sem o ciclo da noite e do dia. Poderá haver vida no lado escuro, onde nunca há luz solar? E quanto ao clima? Como a temperatura funciona num mundo onde sempre é meio-dia durante o dia e meia-noite no outro hemisfério? E quanto à fotossíntese? Será que as plantas são capazes de evoluir para coletar luz estelar em planetas que orbitam ao redor de uma estrela anã? Tais estrelas são muito mais vermelhas do que o nosso Sol amarelo, daí por que as chamamos de anãs vermelhas. Planetas em estrelas anãs vermelhas mostraram aos astrônomos a que extremos pode chegar o ambiente de exoplanetas na zona habitável.

Contudo, o mais importante foi o censo planetário em elaboração. Por volta dos anos 2010, os astrônomos já tinham dados suficientes para começar a levantar estatísticas dos planetas. Ao passo que, em 1992, ninguém sabia se havia planetas orbitando ao redor de outras estrelas, já em 2012 a humanidade estava convencida de que praticamente toda estrela no céu abrigava uma família de mundos.

Toda. Estrela. No céu.

Pense nisso da próxima vez que olhar para o céu noturno. Quase toda estrela que você vê tem ao menos um mundo orbitando ao seu redor. Ou melhor, quase toda estrela provavelmente hospeda famílias inteiras de mundos. O mais incrível é que, graças à nova demografia planetária, os astrônomos puderam dizer com segurança que cerca de uma em cada cinco estrelas abriga um planeta numa órbita "habitável", isto é, uma órbita em cuja superfície pode haver água em estado líquido, o que, portanto, permite a existência de vida. Quando você sair à noite e olhar para cinco estrelas, uma delas provavelmente possui um mundo rochoso onde a névoa pode estar soprando por vales, as ondas podem estar quebrando no litoral e, talvez, apenas talvez, alguém como você esteja se banhando em luz estelar.

A revolução que os exoplanetas representaram mudou toda a nossa busca por vida alienígena. Ela aumentou drasticamente a probabilidade de que tal vida exista e nos disse exatamente onde e como deveríamos procurá-la. Descobrir exoplanetas é uma das grandes conquistas da cultura humana e nos colocou no firme caminho do que será, caso aconteça, a maior descoberta já feita.

Os planetas ficaram malucos

O enigma da super-Terra

É difícil saber o que nos espera quando não temos nada a que nos agarrar. Por toda a história, tudo o que vimos dos planetas são os exemplos de nosso sistema solar. Com base nessa breve experiência, como podemos dizer o que é comum e o que é incomum? Seria a Terra um planeta de tamanho médio? A distância dela até o Sol é a mesma que esperaríamos da maioria dos planetas, em especial daqueles onde acreditamos que a vida pode se formar? É fácil assumir como normal o que nos é conhecido — até que ficamos sabendo mais.

À medida que se acrescentavam mais e mais exoplanetas ao censo, os astrônomos puderam ver ainda mais que tipos de planetas eram comuns e que tipos eram raros. Após alguns anos, obtiveram dados suficientes para definir o tamanho médio dos planetas da galáxia.

O que descobriram foi surpreendente. De fato, *existe* um tipo de planeta muito comum, mas também um tipo de mundo que não temos em nosso sistema solar.

Para se ter uma boa noção do planeta médio da galáxia, vamos lembrar o que contém nosso cantinho no universo. Nosso sistema solar tem oito planetas. (Por favor, nem me venha falar de Plutão, está bem?) Esses oito planetas pertencem a três classes básicas. Primeiro vêm os mundos "terrestres": Mercúrio, Vênus, Terra e Marte. São planetas rochosos com atmosferas relativamente rarefeitas (o que quer dizer que sua atmosfera não pesa muito se comparada ao resto do planeta). O mundo terrestre com mais massa é a Terra. (É isso aí, Terra!) Entretanto, os verdadeiros pesos-pesados de nosso sistema solar são os gigantes gasosos, Júpiter e Saturno. Como o nome sugere, eles são bolas gigantes de hidrogênio e gás hélio. Júpiter tem trezentas vezes mais massa e onze vezes mais diâmetro do que a Terra. Saturno vem depois, com cerca de cem vezes a massa e dez vezes o diâmetro da Terra. Por último, também temos os gigantes de gelo. São eles Urano e Netuno. Esses mundos possuem uma película superficial de água, amônia e geleiras de metano com um grande núcleo rochoso. Urano e Netuno têm quase o mesmo tamanho, com o primeiro sendo cerca de catorze vezes maior e cerca de quatro vezes mais amplo do que a Terra.

O importante a tirar desse breve tour é que, em nosso sistema solar, não há planetas entre uma e catorze vezes a massa da Terra — nenhum, nada, zero. Se você parasse a investigação por aí e só tivesse o nosso sistema solar como referência, pensaria que a natureza não *faz* planetas dentro dessa faixa de grandeza. Se pensou isso, você está redondamente enganado. Quer tentar adivinhar a massa do tipo de planeta mais comum no universo? Pois é, fica bem nessa lacuna entre uma e catorze vezes a massa da Terra. Ao que parece, o cosmos tem senso de humor.

Hoje, os astrônomos podem dizer com muita confiança que os planetas têm massas entre uma e dez vezes a massa da Terra. E por que isso importa? Importa para a vida. Tenha em mente que os planetas gigantes (gasosos ou gelados) e os planetas rochosos são completamente diferentes. Os astrônomos estão convencidos de que a vida nunca vai se formar num planeta gigante. Há uma lista interminável de razões para chegar a essa conclusão, sendo a principal delas o fato de que os gigantes gasosos e gelados nem mesmo possuem uma superfície. As pressões e temperaturas nesses mundos gigantes são tão extremas que, embora não possamos descartar a chance de que a vida se forme neles, parece bem mais complicado quando se compara com os planetas que possuem superfícies com água líquida.

Os astrônomos agora têm diante de si esse tipo completamente diferente de planeta por descobrir. Chamam esses mundos de *super-Terras*, porque possuem massas maiores do que a da Terra, mas menores do que a de Netuno. Mas o que se entende por super-Terras e, o mais importante, seriam elas bons lugares para a formação de vida? Esta última pergunta é a que mais importa. Se as super-Terras são o tipo mais comum de planeta, seria ótimo se fossem lugares aconchegantes onde a biologia pudesse agir.

A resposta animadora para ambas as perguntas é: ninguém sabe. As super-Terras podem ser lugares com superfícies rochosas e atmosferas relativamente leves. Nesse caso, seriam como versões aumentadas do nosso mundo. Se a vida evoluísse nesse tipo de super-Terra, teria que lutar contra a grande gravidade do planeta. Isso poderia significar que todos os animais teriam pernas grossas como a dos elefantes ou seriam "rebaixados" como os crocodilos. Isso seria bem bacana. Mas, já que a atmosfera ficaria mais colada à superfície, o ar numa super-Terra seria tão espesso que você poderia sair voando só de abanar os braços. Isso também seria bacana demais.

No entanto, as super-Terras também podem se parecer mais com os gigantes gelados, com densas camadas maciças de gás e gelo. O núcleo desse tipo de mundo pode não ser de rochas ou ferro derretido, como a Terra, mas talvez de água submetida a pressões tão insanas que acabem por gerar novos tipos de gelo. Ao que parece, esse tipo de super-Terra não lembra um bom lugar para dar início à vida.

O problema agora é que os astrônomos ainda não sabem dizer a que tipo de planeta a maioria das super-Terras pertence. Apenas acabamos de começar a observá-las com telescópios de última geração capazes de enxergar profundamente e com resolução suficiente para nos ajudar a distinguir que categoria de planeta as super-Terras integram. Também podemos usar uma quantidade de lasers superpotentes para fazer experimentos em laboratório e recriar as condições dentro das super-Terras (algo que meus colegas e eu fazemos no imenso Laboratório de Energias de Laser na Universidade de Rochester). É claro que o fato de não termos uma super-Terra em nosso sistema solar para estudá-la de perto torna o problema bem desafiador. Todavia, não existe nada de que um cientista goste mais do que um bom desafio. As super-Terras se revelarão lugares extremamente amigáveis para a formação de vida? Já que são o tipo mais comum de planeta no universo, serão o tipo de planeta no qual podemos esperar que civilizações alienígenas habitem? Em caso positivo, como o tamanho superlativo desses supermundos afeta o tipo de vida e de civilização que eles têm? Essas são as perguntas que nos esperam à medida que esses planetas notáveis e insólitos ganham os holofotes.

Terra Bola de Neve e mundos oceânicos

O inverno está chegando, assim como o dilúvio

Às vezes, quando quero faltar às minhas atividades, vou até o Museu e Centro de Ciências de Rochester para ficar olhando o meu bom amigo, o colossal elefante peludo. Por ser um mastodonte, ele já está morto faz um bom tempo, mas isso não o torna nem um pouco menos impressionante. Com um pouco mais de três metros de altura, seis toneladas, couro grosso e peludo e presas gigantes, ele e sua espécie costumavam povoar estas terras. Sua espécie se extinguiu para sempre. Continuo a visitá-lo para me lembrar de algo que realmente me provoca calafrios: as eras do gelo. Há apenas 20 mil anos, minha pequena cidade no estado de Nova York estava assentada no fundo de uma geleira que se erguia por 3,2 quilômetros. Vou repetir, para você assimilar a informação: Rochester, em Nova York, ficava debaixo de quase 3,2 quilômetros de gelo sólido.

Uau!

As eras do gelo são eventos planetários. No último milhão de anos, as regiões ao norte da Terra passaram boa parte de seu tempo quase inteiramente cobertas por geleiras. Essas eras do gelo podem durar de umas poucas centenas de milhares de anos até que as geleiras se contraiam (derretam). Nos períodos interglaciais de 10 mil anos entre as eras do gelo, coisas interessantes podem acontecer, por exemplo, o surgimento da civilização humana. Congele, derreta, depois repita. Isso é uma era do gelo.

Pensar que um bloco de gelo maciço pode cobrir a distância de Seattle até Long Island por centenas de milhares de anos é enlouquecedor. A ideia é tão maluca que, de fato, os geólogos precisam de algum tempo para aceitar a evidência de que as eras do gelo foram uma coisa normal no passado da Terra. Agora, no entanto, os cientistas da Terra estão enfrentando outro momento de iminência glacial. Muito antes da atual sucessão de eras do gelo, houve vezes em que o planeta inteiro ficou confinado no gelo. Esses períodos, chamados de fases Terra Bola de Neve, são um exemplo radical de mudança climática, e podem ter exercido efeitos profundos na vida de nosso planeta. A evolução enfrenta graves desafios quando todo o globo se acha congelado. Por mais importantes que sejam para a história da vida na Terra, essas fases de glaciação máxima também importam para a nossa busca por vida alienígena. Se aconteceu aqui, pode ter acontecido em qualquer lugar, e isso significa que os astrônomos agora precisam indagar se a galáxia está tomada por planetas bola de neve.

Há evidências de que a Terra passou por três fases distintas de bola de neve. Duas são "relativamente" recentes, tendo ocorrido entre três quartos e meio bilhão de anos atrás. A mais duradoura dessas bolas de neve pode ter mantido a Terra confinada em gelo por cerca de 100 milhões de anos. Muito antes disso, também pode ter havido uma fase bola de neve cerca de 2 bilhões de anos atrás que durou ainda mais. Durante esses invernos longuíssimos que superam, e muito, *Game of Thrones*, todos os continentes ficaram soterrados por geleiras quilométricas. Os mares não estavam muito melhor, sendo tapados por uma camada de gelo sólido de ao menos nove metros de espessura.

O início de uma fase bola de neve é um momento perigoso para um planeta. Se o gelo é capaz de cobrir um mundo inteiro, fica difícil fazê-lo derreter. O entendimento da Física, da Química e da

Geologia envolvidas nesse processo pertence ao campo da ciência climática planetária. O estudo de Marte, de Vênus e da Terra deu aos pesquisadores um conhecimento notavelmente profundo de como funciona a mudança climática em qualquer planeta — incluindo a mudança climática pela qual passam os humanos neste instante. Na prática, isso significa entender como a luz solar, a rotação do planeta, suas correntes atmosféricas e oceânicas e sua química se juntam para pôr o mundo em "estágio climático". Esses estágios são as condições médias de temperatura num dado planeta por inteiro por milhares de milhões de anos. Por exemplo, a civilização humana surgiu na época geológica chamada Holoceno, que vem durando cerca de 10 mil anos. O estágio climático do Holoceno tem sido relativamente quente e úmido, o que é ótimo para uma agricultura estável, por exemplo. Durante as eras do gelo, o estágio climático é diferente. A Terra se torna, sobretudo, fria e seca. Essa secura se deve às porções de água confinada nas geleiras. Durante as eras do gelo, é tanta água congelada em geleiras que o nível do mar pode cair mais de 120 metros do que se encontra hoje. É a mesma altura de um arranha-céu de quarenta andares.

Assim que uma fase bola de neve tem início, ela pode, é claro, embolar tudo à sua frente. O aumento da neve torna o planeta mais refletivo. A luz solar se reflete de volta ao espaço sideral em vez de aquecer o solo, e a temperatura do planeta desaba. Em outras palavras, quanto mais neve cair, mais condições há para mais neve cair. Na ciência climática, esse fenômeno é chamado de *runaway effect* [efeito descontrolado], e explica por que um planeta pode acabar se tornando um frigorífico. A única maneira de esquentar o planeta de novo é lançar mais gases de efeito estufa na atmosfera, via vulcões e outros processos. É o que parece ter salvado a Terra. Os vulcões emitiram uma quantidade suficiente de dióxido de carbono no ar, de modo que a temperatura aumentou lentamente e derreteu as geleiras. Mas os modelos climáticos de exoplanetas mostram que a Terra pode ter tido sorte. Simulações computadorizadas de planetas alienígenas similares à Terra mostram que, assim que um planeta vira um frigorífico, pode continuar assim para sempre. Se isso for verdade, então os planetas bola de neve podem ser algo comum mesmo para os planetas similares à Terra em suas zonas habitáveis. No filme *Interestelar*, o planeta onde o personagem malvado de Matt Damon fica preso parece ser um planeta bola de neve.

Pode haver vida num planeta bola de neve? Se ela teve início antes da chegada do estágio bola de neve, conseguiria sobreviver e florescer? E mais, a vida poderia evoluir para uma civilização tecnológica num planeta bola de neve? Parece possível que a vida microbiana não tenha nenhum problema em viver numa geladeira. Os cientistas encontraram várias criaturas vivendo na Antártica. No entanto, animais complexos são outra história. Se um planeta vira uma bola de neve antes que a vida multicelular complexa tenha início, o frio pode se tornar um tipo de barreira energética a impedir o surgimento de formas de vida maiores. A evolução pode favorecer organismos menores, menos sedentos de calor. Isso significaria que os mundos confinados numa bola de neve poderiam não desenvolver aliens capazes de criar civilizações. Contudo, se o planeta entrasse na fase bola de neve depois do surgimento de uma espécie inteligente, seria possível que os indivíduos encontrassem meios de continuar a viver e até perseverar. Não há razão inerente pela qual esses abomináveis aliens das neves não poderiam desenvolver tecnologia se tivessem acesso aos recursos necessários. Talvez nosso primeiro contato venha a ser com aliens cujas espaçonaves lembrem geladeiras aladas.

A quantidade de gelo que um planeta abriga depende, é claro, de quanta água há nele. Um planeta desértico jamais se tornaria um planeta bola de neve. No entanto, à medida que a revolução dos exoplanetas acontecia e os astrônomos elaboravam um censo dos milhares de novos mundos que descobriram na galáxia, eles perceberam que um aspecto da nossa Terra parecia muito, muito esquisito.

Esse aspecto é azul *e* marrom.

Cerca de três quartos da superfície da Terra são de oceanos. O resto é solo. Isso significa que, se você preencher as bacias rasas de todo o planeta com o estoque de água da Terra, os continentes vão continuar elevados o bastante para não ser inundados. Com exceção da chuva, dos rios e de alguns lagos, o solo seco continua seco. Foi aí que muitas etapas críticas da evolução aconteceram, incluindo o desenvolvimento de cérebros grandes para a criação de uma civilização.

Por que a Terra só obteve esse tanto de água e nada mais? Se o estoque de H_2O da Terra fosse maior, então não haveria nenhum solo seco, exceto uns poucos cumes de montanha. Estaríamos num mundo oceânico. Hoje, os astrônomos acreditam que esse tipo de planeta seja muito mais comum do que essa mistura de solo e água com a qual acabamos ficando.

Para entender como podem existir mundos oceânicos, é preciso perguntar como os mundos obtêm água, em primeiro lugar. Os planetas nascem a partir de discos de gás e poeira do tamanho do sistema solar que cercam estrelas recém-formadas. Planetas terrestres (isto é, mundos rochosos como a Terra) são construídos lentamente à medida que partículas de poeira desses discos colidem entre si, formando rochas orbitais. Depois, as rochas colidem e formam pedras, que então colidem e formam corpos do tamanho de asteroides (de dezenas de quilômetros de diâmetro), e assim por diante, até formar planetas como Mercúrio, Marte, Terra e Vênus. O processo todo leva cerca de 10 milhões a 100 milhões de anos, e muito calor é gerado em todas essas colisões. Sejam lá quais moléculas de H_2O estivessem por perto no começo do processo de formação do planeta, elas tendem a evaporar assim que o planeta termina de se formar; portanto, a maioria dos mundos rochosos nasceu seca. Seja qual for a porção de solo que estão destinados a ganhar como mundos maduros, ela precisa ser *entregue* depois que eles se formam. Os entregadores são os cometas e os asteroides.

Os cometas, em especial, são as bolinhas antiestresse do universo. Um cometa típico é capaz de abrigar muitos bilhões de toneladas de gelo, misturadas a algum material rochoso.[1] Seriam necessários milhões de cometas atingindo a Terra para entregar água o bastante para encher os oceanos. Se isso parece muito para nós, é porque nossa imaginação falha diante da inacreditável violência da história inaugural da Terra e dos vastos intervalos de tempo nela envolvidos. Os asteroides também podem conter muita água. Ao longo do primeiro meio bilhão de anos da Terra, ela foi seguidamente atingida por escombros da construção do sistema solar, como cometas e asteroides. Se praticamente qualquer uma dessas colisões acontecesse hoje, nos varreria da face do planeta. Contudo, lá atrás, antes do surgimento da vida, os impactos periódicos de cometas e asteroides eram a regra. Mesmo que só alguns cometas ou asteroides entregassem seu suprimento de água a cada mil anos, isso já bastaria para criar os oceanos modernos.

Por que parar em alguns poucos cometas a cada mil anos? Não é difícil imaginar outro sistema solar onde duas vezes essa quantia é jogada num jovem planeta rochoso. Então, por que não cinco ou dez vezes mais? Histórias como essa levariam a tanta água sendo jogada num planeta que acabariam formando um mundo oceânico. Todo e qualquer continente ficaria submerso. Por outro lado, se reduzirmos o número de cometas atingindo o planeta por um fator de dez daquilo que a Terra experimentou, nunca teríamos nada além de alguns lagos. Nesse caso, você teria um mundo desértico, feito a Arrakis do romance *Duna*. Juntando tudo isso, você chega à conclusão de que há muitas maneiras de fazer planetas desérticos e muitas maneiras de fazer mundos oceânicos. Mas um planeta como a Terra, no entanto, exige uma história tipo Cachinhos Dourados com a quantidade certa de água sendo entregue por cometas ou asteroides. É claro que qualquer menção a Cachinhos Dourados na Astrobiologia nos conduz logo à pergunta mais importante: e quanto à vida e às civilizações?

Com base em tudo o que sabemos sobre os planetas e sua formação, podemos dizer com segurança que os mundos oceânicos *devem* existir e que devem ser estonteantes. Um mundo oceânico seria uma infinita extensão de água que poderia descer a profundezas de centenas de quilômetros ou mais. (Os oceanos da Terra nunca têm mais do que cerca de nove quilômetros de profundidade.)* Os astrônomos e os cientistas planetários estão apenas começando a explorar as possibilidades implicadas em oceanos tão profundos e contínuos. Esses mundos abrigam tempestades inteiras? Há neles furacões que engolem metade do mundo? Que tipos de correntes fluem num oceano tão profundo? E o mais importante: a vida é possível num mundo oceânico? E, caso ela seja possível, espécies tecnologicamente

* Só um lembrete: as *luas* oceânicas são satélites de outros planetas, como os gigantes gasosos do tamanho de Júpiter. Um mundo oceânico seria um planeta plenamente formado a orbitar uma estrela por conta própria.

sofisticadas poderiam sobreviver sem solo? Já encontramos essas perguntas quando tratamos das luas oceânicas, mas elas são pequenos mundos-satélite que talvez não possuam atmosferas. Já os mundos oceânicos podem ter um lindo céu azul e noites cheias de estrelas ao alcance da vista de uma jovem civilização.

Os astrobiólogos têm fortes razões para pensar que a água é um pré-requisito para formar vida em qualquer lugar que seja. Planetas desérticos estão longe de ser um lugar adequado para a biologia agir e, mais importante, para ter uma biosfera rica o bastante para gerar espécies inteligentes, capazes de construir ferramentas. Os mundos oceânicos com certeza têm água suficiente para se virar, mas, sem nenhum continente, será que conseguiriam que a vida continuasse e formasse uma civilização de alta tecnologia?

Dar início à vida pode não ser um problema tão grande. Na Terra, os primeiros sistemas biológicos de replicação podem ter se formado nas profundezas do oceano, em orifícios geotermais. É de onde o magma quente do interior do planeta escapa rompendo o leito marítimo, provendo fonte de energia e elementos químicos para fazer a vida surgir. Por boa parte da existência do nosso planeta, a evolução foi uma história encenada nos oceanos. A "conquista" da terra só foi mesmo começar alguns bilhões de anos depois da criação da vida.

Usando a Terra como modelo, parece que mesmo um planeta inteiramente coberto por água poderia iniciar a evolução biológica e conduzir organismos simples a formas cada vez mais complexas, incluindo algumas dotadas de grande inteligência. O polvo, a espécie de aparência mais alienígena da Terra, desenvolveu capacidades cognitivas impressionantes, entre elas a de fabricar e usar ferramentas. O mais incrível é que o polvo conseguiu esses feitos tendo um cérebro que em nada se parece com o nosso. Cada um de seus tentáculos possui uma versão de cérebro, que comunica suas intenções e decisões ao cérebro central. Isso faz do polvo um tipo de criatura de personalidades múltiplas. Se esse tipo de inteligência pode evoluir nos oceanos da Terra, parece razoável apostar que os mundos oceânicos podem ter as próprias espécies inteligentes. Algumas delas talvez desenvolvam culturas ricas e complexas, capazes de construir coisas bem legais, como grandes cidades suspensas por meio do uso de materiais semelhantes às algas ou aos corais. As possibilidades são tão infinitas quanto incríveis.

No entanto, há uma enorme mosca (ou sardinha) nessa sopa quando o assunto são civilizações realmente avançadas nos mundos oceânicos. Se os oceanos de um planeta são tão fundos, então a pressão no leito marítimo pode ser tão alta que a água congela em novas e estranhas formas de gelo. O fundo de um oceano coberto por uma camada de dezesseis quilômetros de grossura de gelo-9 (ou seja lá como serão chamadas essas novas formas de gelo) significaria a inexistência de orifícios hidrotermais e de rochas derretidas com água líquida onde a biologia pudesse agir. Além disso, mesmo em mundos oceânicos onde a vida se formou e seguiu até evoluir para espécies inteligentes, um mundo de água significa um mundo sem fogo. Um mundo sem fogo é um mundo sem metalurgia. Se uma espécie inteligente não dispõe de um meio fácil de derreter e combinar metais, será que conseguiria vir a fazer computadores ou radiotelescópios ou foguetes? Sem fogo, poderia haver algum tipo de indústria?

Essas perguntas ainda não têm respostas, mas somente nos últimos vinte anos passamos a reconhecer a existência de mundos oceânicos e sua profusão no universo. Nos próximos cinquenta, teremos mais dados e mais percepções sobre eles. Talvez existam muitas maneiras de as civilizações tecnológicas superarem a necessidade de fogo nos mundos oceânicos, permitindo que construam alta tecnologia e até abandonem seus planetas. Se for assim, em vista de quão comuns os mundos oceânicos venham a ser, talvez os primeiros viajantes espaciais que encontremos vivam em naves cheias de água salgada, em vez de gás oxigenado.

Dez bilhões de trilhões de chances no lançar dos dados

A linha pessimista e o que ela nos diz

Por toda a história da humanidade, não soubemos se havia planetas orbitando outras estrelas, mas agora sabemos que eles estão por toda parte. O que exatamente esse conhecimento nos proporciona? Será que de fato estamos mais perto do que desejamos? Se a pergunta que nos interessa é realmente sobre *aliens*, e não sobre planetas aliens, então o que a revolução dos exoplanetas mudou no que diz respeito aos aliens propriamente ditos?

Que bom que você perguntou, porque essa foi a exata questão que meu ex-professor Woody Sullivan e eu buscamos resolver nos idos de 2016, quando o censo de exoplanetas começou a tomar corpo. Woody é radioastrônomo na Universidade de Washington (UW) e fez parte da segunda geração de pesquisadores da SETI após Frank Drake. No fim da década de 1980, quando as rádios só tocavam Public Enemy e o filme original de *O predador* tinha acabado de sair, eu era um mero estudante de graduação na UW. Mesmo que eu não estivesse ainda trabalhando com a busca por inteligência alienígena, meu interesse de toda a vida pelos aliens me aproximou de Woody e seu entusiasmo infinito. Permanecemos amigos durante décadas. Quando comecei a me perguntar o que todas aquelas descobertas de exoplanetas trariam de bom para o tema das *exocivilizações*, liguei para Woody. Decidimos que, para responder à pergunta, precisaríamos voltar para — adivinha? — a equação de Drake.

Para entender o que Woody e eu fizemos em nosso projeto de pesquisa, vamos escrever de novo a equação de Drake e recordar o que cada um de seus termos significa (você também pode reler o capítulo 1). Aqui está ela, em toda a sua glória.

$$N = R_* \cdot f_p \cdot n_e \cdot f_l \cdot f_i \cdot f_c \cdot L$$

Desta vez vamos mais rápido ao que a equação diz. O número de aliens que podemos detectar (N) equivale ao número de estrelas que se formam a cada ano (R_*) vezes a fração dessas estrelas que possuem planetas (f_p) vezes o número de planetas que possuem um ambiente propício para a vida (n_e) vezes a fração de planetas onde a vida de fato se forma (f_l) vezes a fração desses planetas que evoluem em inteligência (f_i) vezes a fração dessas inteligências que partem para criar civilizações tecnológicas (f_c) vezes a expectativa média de vida dessas civilizações (L).

Quando Drake escreveu essa equação, em 1961, o único termo para o qual os astrônomos tinham dados era o número de estrelas que se formam na galáxia por ano (R_*). Os outros termos eram só palpites. Esse tremendo estado de confusão durou por mais três décadas, até que a revolução dos exoplanetas acertou os dois termos seguintes: a fração de estrelas que possuem planetas (f_p) e o número de planetas que possuem um ambiente propício para a vida (n_e). Foi o censo de exoplanetas — sobre o qual fico tagarelando — que permitiu aos astrônomos ter a *certeza* de que quase toda estrela no céu tem ao menos um planeta em sua órbita (o que na matemática se traduz por $f_p = 1$). Foi também o que lhes permitiu ver que cerca de uma em cada cinco estrelas tem em sua zona habitável um planeta similar à Terra (o que na equação vira $n_e = 0{,}2$).

Passar do conhecimento de um único termo da equação de Drake para o conhecimento de três deles foi praticamente um salto quântico. Esse salto também significava que todos os termos astronômicos estavam resolvidos. Determinaríamos o valor deles por meio da observação com telescópios. O que restava desconhecido na equação de Drake tinha, de um jeito ou de outro, a ver com a vida. Tudo o que ficou em aberto era o que desconhecíamos da Biologia. Referiam-se à base biológica para dar início à vida (f_l), à evolução para inteligência (f_i), à evolução para civilizações (f_c) e, por fim, à dúvida sociológica sobre quanto tempo as civilizações duram (L). Vimos que o próximo passo seria reordenar a equação de Drake numa nova forma a fim de que pudéssemos fazer uma pergunta diferente, para a qual conseguíssemos obter resposta usando os dados de um exoplaneta real.

A forma original da equação de Drake lança uma única e específica pergunta científica: Qual é o número de civilizações tecnologicamente avançadas na galáxia capaz de emitir sinais de rádio detectáveis na Terra neste momento? Nós ainda não tínhamos a informação necessária para responder a essa grande pergunta, mas, depois de umas poucas alterações, acabamos com uma pergunta que *podíamos* responder: Qual deve ser a probabilidade de formação de uma civilização tecnológica para que sejamos a única civilização que já existiu? Isso pode soar complicado, mas o sentido da ciência é responder às perguntas que podemos com os dados que temos.

Eis o que nossa pergunta de fato queria dizer.

Todo planeta com zona habitável é como um experimento que o universo faz com a vida e as civilizações. Uma civilização tecnológica irá — ou não — se formar em um planeta com zona habitável dependendo de uma infinidade de fatores biológicos, evolutivos e sociológicos dos quais, neste momento, nada sabemos. Se soubéssemos, também saberíamos a probabilidade total de que a vida e uma civilização pudessem se formar em algum planeta com zona habitável escolhido aleatoriamente. Em outras palavras, poderíamos conhecer a probabilidade de êxito de qualquer um desses experimentos. Chamemos isso de probabilidade biotécnica, que podemos representar por f_{bt}. Se essa probabilidade biotécnica fica perto de 1, então praticamente todo planeta com zona habitável gerará vida que evoluirá para uma civilização tecnológica. Se f_{bt} fica perto de 0, então nenhum planeta jamais formaria uma civilização de alta tecnologia. Nós existimos, então, é claro, f_{bt} não pode ser *exatamente* zero.

Como eu disse, o chato nesse ponto da história é que não conhecemos toda a Biologia ou evolução necessária para obter a *real* probabilidade biotécnica que a natureza fixou para si mesma. Em outras palavras, não temos como descobrir f_{bt} por conta própria a partir dos "princípios primários" da Biologia, da teoria evolutiva e da Sociologia. No entanto, Woody e eu percebemos algo legal: usando os dados do exoplaneta e a equação de Drake repaginada, poderíamos impor à probabilidade biotécnica o que os cientistas chamam de "limite". Poderíamos usar os dados a fim de descobrir qual deveria ser o valor de f_{bt} para que os humanos fossem a única civilização tecnológica existente em toda a história do universo. E por que tal limite importa? Se o valor real que a natureza fixa para f_{bt} for maior do que o limite que os dados nos forneciam, então não somos a única civilização existente. O limite nos diz quão provável é o fato de que a civilização humana é a única já existente.

Depois de coletar dados e pensar em como retrabalhar a simples equação de Drake, descobrimos que uma estimativa conservadora de nosso limite à probabilidade biotécnica era da ordem de 10 bilhões de trilhões. Se isso lhe parece um número bem pequeno, de fato é. Na notação científica, equivale a 10^{-22}. Essa expressão traduz-se num zero seguido por um separador decimal, seguido por 21 zeros seguidos de 1. Quer ver como se escreve?

$$f_{bt} = 0{,}0000000000000000000001.$$

O que esse número nos diz? Que a única maneira de termos sido a única civilização existente na história é se as chances de formação de uma civilização num planeta aleatório forem ridiculamente pequenas. Significa que as atuais chances — as que a natureza fixa com suas leis biológicas, evolutivas e sociológicas — podem ser bem pequenas, e, contudo, ainda haveria montões de civilizações na história do cosmos. Digamos que as atuais chances de haver uma civilização tecnológica em determinado planeta fossem da ordem de 1 milhão. Isso, em si, já parece bem pequeno para haver uma civilização. No entanto, usando o que Woody e eu descobrimos, ainda deixaria o universo com trilhões de civilizações de alto nível! Um punhado de klingons, wookiees e predadores povoando o cosmos.

O que Woody e eu concluímos foi que a natureza realizou uma dezena de bilhões de trilhões de experimentos com planetas, vida e civilizações ao longo da história cósmica. Para sermos a única civilização em toda a história cósmica, a única maneira seria se *todos* os outros experimentos falhassem. Se esse for o caso, a natureza deve ser realmente contra a criação de civilizações. Essa contrariedade seria tão forte que cairia no colo dos pessimistas para explicar por que uma civilização só pôde ter ocorrido aqui. Por isso, chamamos nosso limite de linha do pessimismo. Se a natureza escolher uma probabilidade biotecnológica abaixo da linha do pessimismo, então, sim, somos a única civilização na história cósmica. No entanto, se o valor real da natureza estiver acima da linha, então não somos ou não seremos os únicos.

Quando chegamos a esse número da ordem da dezena de bilhões de trilhões, eu meio que tive uma "iluminação". Senti como se soubesse algo que ninguém mais sabia, tipo, "uau, *devem ter* existido aliens!".

Mas será verdade? Bem, se quisermos ser cientistas sóbrios e não cair na tentação de nossos próprios resultados (o essencial numa boa ciência), temos que nos conter e encarar a situação. Temos que admitir que, embora uma chance em 10 bilhões de trilhões pareça pequena, as chances reais talvez sejam ainda menores. Quando falamos que um número é pequeno, a que o estamos comparando? Lembre-se: na Biologia, na evolução e na Sociologia, não temos nada baseado em teoria para dizer o que esperar. Além disso, aquele limite biotecnológico que Woody e eu descobrimos só nos fala sobre a *história* do universo. Não nos diz se alguma daquelas civilizações está perto de nós agora. Talvez tenha havido 100 bilhões de civilizações de klingons e wookiees, mas todas entraram em extinção. O universo tem mais de 13 bilhões de anos. É um bom tempo para civilizações surgirem e desaparecerem.

Contudo, mesmo com essas ressalvas (e a ciência é toda feita em cima de ressalvas), é difícil não se deixar contaminar por esses números. Há apenas algumas décadas, ninguém sabia que um exoplaneta qualquer girava na órbita de outra estrela qualquer. Hoje podemos dizer com segurança que há aproximadamente 10 bilhões de trilhões de planetas no lugar certo para a formação de vida. O céu é rico em mundos. A galáxia é rica em mundos. O universo é rico em mundos. Dez bilhões de trilhões de planetas com zonas habitáveis representa um monte de experimentos e um monte de possibilidades. Um universo de mundos significa que provavelmente há muitos deles nos quais a neve cai sobre cânions silenciosos, o vento sopra por entre as montanhas e as ondas quebram em praias douradas neste exato momento. (Sei que fico voltando a esse ponto, mas é que vale muito a pena gastar alguns minutos imaginando o que está acontecendo nesses planetas neste momento.) Epicuro estava certo. Sabendo de tudo isso, estamos prontos para dar o próximo passo e perguntar se surgiu vida em alguns desses mundos. E, se sim, como é que vamos encontrá-la agora?

6

A TOCAIA CÓSMICA

Como faremos para espionar os ETs

A revolução dos exoplanetas nos ensinou exatamente onde procurar por aliens. Sabemos quais estrelas têm planetas. Sabemos quais desses planetas estão na zona habitável onde a vida pode se formar. Logo saberemos quais desses planetas na zona habitável são suficientemente parecidos com a Terra para valer a pena mirar nossos telescópios neles. Agora que sabemos onde procurar, a próxima pergunta é: *como* procurar? Que tipo de truques científicos precisamos ter na manga para "enxergar" vida alienígena nos trilhões de trilhões de quilômetros daqui até as estrelas?

É aqui que minha cabeça começa a fundir. O garotinho em mim que sempre sonhou encontrar vida alienígena nunca imaginou quão potentes nossos telescópios acabariam sendo e quanto poder nos dariam para encontrar vida. Toda semana, na Universidade de Rochester, trazemos cientistas para falar sobre uma pesquisa nova e expandir nossa mente. Palestra após palestra, aprendi sobre os meios que nos possibilitarão verificar a existência de vida alienígena em mundos distantes. Depois de cada uma dessas apresentações, sinto que preciso de um beliscão. Sério? Estamos mesmo prontos? A resposta é: sim, estamos finalmente prontos para isso. E vamos fazer isso. Contudo, não será fácil, e ainda será exigida muita criatividade científica pela frente.

Nos próximos dez, vinte ou trinta anos, estaremos de posse de dados sobre as estrelas que poderão por fim responder a nossa pergunta sobre alienígenas. Não sei te dizer como será essa resposta, mas posso dizer que estaremos procurando por ela. Posso dizer isso porque é exatamente nisso que eu, meus colegas e a comunidade científica inteira (da qual somos uma ínfima parte) estamos trabalhando com afinco no momento.

Então, como é que vamos fazer? Como exatamente vamos encontrar aliens, incluindo tanto os do tipo "burro" (microrganismos) como os do tipo "esperto" (civilizações)?* A resposta é: vamos espionar. Através de uma série de avanços tecnológicos e teóricos verdadeiramente atordoantes, hoje podemos encontrar aliens só de observar o planeta deles. Não precisamos que eles nos enviem mensagens. Não precisamos que eles anunciem sua presença no cosmos. (Na verdade, essa seria uma péssima ideia.) Como detetives de tocaia, podemos só continuar à espreita por aí, com nossos donuts e nosso café frio, a observar e a aguardar. Os notáveis telescópios e analisadores de luz que construímos, junto com o profundo entendimento de como os planetas e a vida evoluem ao mesmo tempo, nos fornecem as ferramentas necessárias para espionar silenciosamente os aliens por toda a galáxia.

Bioassinaturas

Como descobrir vida a distância

O planeta mais próximo da Terra é um que orbita ao redor de Proxima Centauri (parte do sistema triplo de estrelas de Alpha Centauri). Está a mais de quatro anos-luz de distância, e levaríamos mais de 80 mil anos para chegar lá usando a melhor tecnologia de espaçonaves que temos no momento. Isso significa que ainda vai demorar um bocado para pousarmos em exoplanetas e sair procurando por sinais de vida. Por sorte, os cientistas são ridiculamente teimosos e

* Não quero ofender nenhum microrganismo quando faço essa distinção entre "burros" e "espertos". Os microrganismos fazem coisas incríveis, como a fermentação (obrigado, microrganismos), e são capazes de trabalhar coletivamente de maneiras notáveis. Devíamos todos nos maravilhar com os microrganismos, os fungos e as florestas. Contudo, para nossa discussão, é útil ter uma cisão nítida entre a busca por tipos de vida que não constroem civilizações tecnológicas e a busca por tipos que as constroem.

inteligentes (boa parte deste livro pretende convencer você disso, se ainda não percebeu). Com as novas gerações de telescópios que eles estão construindo, abriu-se um atalho para a busca por vida em todos esses trilhões de quilômetros. Esse é o verdadeiro fruto, o verdadeiro momento de "Meu Deus!", proporcionado pela revolução dos exoplanetas.

Após milhares de anos de perguntas, estaremos prontos para enfim responder nossa questão sobre a vida alienígena, e faremos isso usando *bioassinaturas*. Já faz um bom tempo que estamos estudando a história da Terra, e aprendemos muito sobre como a vida moldou a história de nosso planeta. Uma das coisas mais importantes que aprendemos é que a soma total da vida da Terra — sua *biosfera* — exerceu o protagonismo na evolução de nosso mundo durante bilhões de anos. O conceito de biosfera será muito importante, e ainda temos muito assunto a desenrolar mais adiante, mas só uma rápida espiada já nos dá muito em que pensar. Os outros planetas têm biosfera? Sua biosfera alterou tanto seus planetas quanto a nossa alterou a Terra? E, mais importante, é possível vermos essa mudança a distância? Podemos encontrar assinaturas dessas biosferas à luz de mundos alienígenas ao longo de distâncias interestelares?

Para responder a essas perguntas, vamos fazer um passeio até a Astrofísica de última geração. Para chegar lá, preciso antes fazer umas paradas para pegar suprimentos (isto é, ideias-chave).

Uma das melhores maneiras de detectar um exoplaneta é o método do "trânsito". Ele foi introduzido no capítulo anterior, mas não dói repassar a matéria. Quando a órbita de um planeta ao redor de sua estrela hospedeira fica entre nós e a estrela, o planeta bloqueia uma pequena parte da luz da estrela. Daqui da Terra, podemos usar telescópios sensíveis para detectar essa luz que se apaga, diminuindo o brilho da estrela. Detectar esse minúsculo decréscimo de luz estelar é o que nos permite erguer as mãos e gritar: "Oba, um exoplaneta!". No entanto, podemos fazer algo ainda mais notável por meio do método do trânsito.

Quando o trânsito ocorre, a luz estelar também passa pela atmosfera do planeta (caso ele possua atmosfera). À medida que a luz estelar cruza o fino véu de gases atmosféricos do planeta, alguma porção dele será capturada pelos átomos e moléculas do ar alienígena. Essa "absorção" de luz é a chave para detectar vida nos trilhões de quilômetros do espaço sideral.

Mais de um século atrás, os físicos descobriram um incrível vínculo entre luz e matéria. Para entender o que eles descobriram, vamos começar lembrando que a luz nada mais é que ondas de energia eletromagnética. As diferentes cores da luz correspondem a diferentes comprimentos de onda dessa radiação. Como você vai se lembrar, a cor vermelha tem maior comprimento de onda, e a azul, menor.

Imagine que você esteja dentro de uma caixa cheia de gás hidrogênio puro e passe por um arco-íris de luz com todas as cores. Os físicos começaram a fazer esse tipo de experimento já no fim dos anos 1800. Quando você olha para a luz que sai da caixa, vê o mesmo arco-íris no qual entrou, mas nele também existem algumas faixas escuras. É como se alguma coisa dentro da caixa de gás tirasse um pedaço do arco-íris em apenas algumas cores específicas. Parte dos comprimentos de onda azuis se foi, e talvez uma faixa vermelha fique escura. A mesma coisa acontece se você usar uma caixa cheia de átomos de sódio, só que as faixas escuras aparecem em cores diferentes. Em ambos os casos, o que acontece é que os átomos de hidrogênio ou sódio *absorvem* parte da luz que chega até eles. Cada elemento absorve apenas comprimentos de onda específicos. Os outros comprimentos passam inalterados.

Hidrogênio e sódio têm um tipo de impressão digital "espectral" para absorver a luz. Na verdade, cada elemento tem uma impressão digital diferente para absorver a luz. Assim como as moléculas. Para os astrônomos, essas impressões espectrais são uma providência divina e uma mina de ouro. Elas permitem que eles coletem luz de objetos distantes, a dividam nos respectivos comprimentos de onda e, então, os identifiquem em todas as linhas de absorção escura de diferentes elementos e moléculas. Dessa forma, eles podem chegar à verdadeira composição do objeto. Para mim, isso é um milagre.

Certo, agora podemos passar para as atmosferas planetárias.

Ao analisar a luz estelar que cruzou a atmosfera de um exoplaneta, os astrônomos podem determinar de que coisa essa atmosfera é feita. Se houver linhas de absorção de água no espectro da luz estelar, então a atmosfera desse planeta contém vapor de água. Se houver linhas de absorção de dióxido de carbono, então a atmosfera do planeta contém dióxido de carbono. Esse processo é chamado de *caracterização atmosférica*. É um grande milagre científico, e não vou permitir que continuemos sem antes nos ajoelharmos diante dessa maravilha.

Sentado aqui na Terra, um astrônomo é capaz de descobrir o que exatamente a atmosfera de um planeta contém, mesmo que esse planeta esteja a dezenas, centenas ou milhares de anos-luz de distância. Graças a esse novo método radical, podemos ver com exatidão o que está flutuando na atmosfera de planetas que talvez nunca, jamais venham a ser visitados por um humano. É muito maluco e incrível que nós, *Homo sapiens*, basicamente um bando de macacos sem pelo, tenhamos encontrado um meio de sondar longínquas atmosferas alienígenas. Mesmo se nada mais resultar disso, a conquista em si já deveria nos deixar mais orgulhosos de nossa espécie, apesar de todas as outras atrocidades que fazemos.

Agora, voltemos à história.

A caracterização atmosférica é, em si, um grande feito porque vai nos permitir entender todo tipo de planeta de todo tipo de maneira. Por exemplo, seremos capazes de ver o que está acontecendo nas camadas externas dos gigantes gasosos chamados de "Júpiteres quentes" e que são tão próximos de suas estrelas-mães. Usando a caracterização atmosférica, podemos indagar que tipos de elementos químicos se formam numa atmosfera mais quente do que um forno de pizza. Isso será ótimo para compreender o básico sobre Júpiteres quentes, mas o que a caracterização atmosférica tem a ver com a vida? Como é que o fato de saber o que a atmosfera de um exoplaneta contém pode nos dizer o que vive em sua superfície? Para responder a essa pergunta, apresento-lhe James Lovelock.

James Lovelock era um polímata. Foi um gênio num monte de coisas. Nascido em 1919, começou como químico, fazendo pesquisa médica durante a Segunda Guerra Mundial. Nos anos 1950, inventou um aparelho barato e portátil para detectar minúsculas quantidades de contaminantes químicos no ar. A patente era tão valiosa que o deixou rico e lhe permitiu fazer o que quisesse, incluindo ajudar governos que ainda engatinhavam na corrida espacial.

Um dos projetos governamentais em que Lovelock trabalhou foi o plano da Nasa de, nos anos 1960, enviar sondas a Marte em busca de vida microbiana. No entanto, Lovelock viu uma grande falha nessa abordagem. Todos os planos da missão supunham que a vida em Marte seria como a vida na Terra. Se essa afirmação estivesse errada, as sondas passariam batido por sinais de vida mesmo se estivessem debaixo de seu nariz (robótico). Lovelock desejava uma maneira de encontrar vida, independentemente de qual forma ela assumia. Após alguns anos de trabalho, ele descobriu que a resposta estava literalmente debaixo de seu nariz (humano). A solução era o próprio ar que ele respirava.

Lovelock se deu conta de que a própria atmosfera de um planeta era um tipo de detector de vida. A atmosfera da Terra contém elementos químicos que não existiriam num mundo sem vida. O grande exemplo é o oxigênio. O ar da Terra não começou contendo oxigênio. Durante os seus primeiros 2 bilhões de anos, esse elemento foi quase ausente.

O que aconteceu para que nossa atmosfera de repente passasse a ser rica em oxigênio? Aconteceu a vida.

Era a vida que bombeava oxigênio no ar, depois que a evolução inventou uma nova forma de fotossíntese. Perto dos 2 bilhões de anos atrás, apareceu um tipo de fotossíntese que dividiu a água (H_2O) e cuspiu oxigênio (O) no ar. Hoje, a atmosfera tem 21% de oxigênio. Esse "grande evento de oxigenação" tem uma das histórias mais legais da ciência terrestre, mas o que importa para nós aqui é: se toda vida desaparecesse amanhã, o oxigênio também iria logo desaparecer. A ideia-chave é que a biosfera da Terra — a soma de todas as vidas no planeta — mantém a atmosfera rica em oxigênio. O que está realmente ocorrendo é que a vida está mantendo a atmosfera longe do *equilíbrio químico*. É um jeito chique de dizer que a biosfera fica bombeando elementos que, por conta própria, não conseguiriam ficar no ar por muito tempo. É assim que a composição química da atmosfera da Terra nos conta que a Terra tem uma biosfera vibrante. A presença do oxigênio na atmosfera, por si só, é a prova de que a Terra é um planeta vivo.

Agora, finalmente, podemos juntar todas as peças do quebra-cabeça. A partir dos novos métodos de caracterização atmosférica de exoplanetas, os astrônomos podem obter a composição química da atmosfera de um exoplaneta. E o que Lovelock disse que precisaríamos comprovar para poder dizer que existe vida em um planeta? A composição química da atmosfera de um exoplaneta. Simples assim. Essa é a resposta. Se pudermos encontrar assinaturas de desequilíbrio químico na atmosfera de um planeta, teremos encontrado evidência de vida. Teremos encontrado uma bioassinatura.

Não importa quão distante um planeta esteja de nós, as bioassinaturas servirão de prova de que o planeta tem uma biosfera, de que é um mundo alienígena vivo. Isso, caro leitor, é o motivo pelo qual estamos à beira de uma nova era revolucionária na busca por aliens. A descoberta de exoplanetas nos mostrou onde procurar. O desenvolvimento da caracterização atmosférica e a ciência das bioassinaturas nos dizem *o que* procurar. Como disse o grande Sherlock Holmes: "Os dados estão lançados!".

* * *

Eu podia parar por aqui, porque… você sabe… santo Deus! Temos tudo de que precisamos para encontrar vida alienígena. Mas, já que um dos subtópicos deste livro foram aqueles maçantes padrões de evidência, quero que saiba que essa aventura terá, sim, sua cota de perigo. Teremos que ser supercautelosos ao estabelecer nossas bioassinaturas-alvo. Talvez haja falsos-positivos lá fora — seriam os meios que um planeta poderia empregar para nos enganar, produzindo o que pensamos ser uma bioassinatura, quando na verdade ele não tem uma biosfera. Por exemplo, já conhecemos ao menos uma maneira exótica de produzir oxigênio numa atmosfera que não tem nenhuma relação com a vida. Isso pode ocorrer com aquelas estrelas anãs vermelhas que encontramos no capítulo anterior. Uma vez que esses planetas se acham tão próximos de sua estrela, átomos de água vaporizada (H_2O) na atmosfera do planeta podem ser dissolvidos pela luz que chega até ele. Os átomos de hidrogênio flutuam pelo espaço, mas os de oxigênio se sedimentam e preenchem a atmosfera. Acho que sabemos como explicar esse tipo de falsos-positivos, mas pode haver outros nos quais ainda não pensamos. É preciso ter cuidado.

Haverá ainda outras ciladas e desafios para os quais temos que estar preparados. Mas superar ciladas e desafios é o que faz os cientistas saírem da cama. Vamos trabalhar neles. No entanto, os desafios significam que o jogo será longo. É um projeto que provavelmente vai durar décadas. E está tudo bem. Algumas décadas de cautela e inteligência não são nada se comparadas com os 2.500 anos que levamos para chegar até aqui, ao limiar de uma nova descoberta, prontos para dar o salto.

Tecnosferas e noosferas

Quando a vida inteligente dá as cartas

A vida pega carona nos planetas. Assim que ela surge, pode vir a predominar, como aconteceu na Terra, alterando o destino de oceanos, do gelo, do ar e do solo. Sabemos que todo o oxigênio em que nossos pulmões tanto se refestelam está na atmosfera porque a vida o pôs lá. No entanto, não é apenas oxigênio. Os sistemas de raízes das plantas podem alterar quanto solo é levado até os oceanos. As algas oceânicas criam minúsculas partículas que sobem à atmosfera, moldando padrões de chuva. A lista de exemplos é enorme, mas o que você realmente precisa saber é que uma Terra estéril e sem vida não se pareceria em nada com aquela em que vivemos.

As alterações feitas pela vida "burra", como os microrganismos, parecem incrementadas com anabolizantes no caso de uma civilização tecnológica. Portanto, se as biosferas são importantes para moldar a evolução de um planeta, as *tecnosferas* são ainda mais potentes. Elas são a chave para encontrar civilizações alienígenas lá fora. Elas são o alvo do programa de pesquisa em tecnoassinaturas da Nasa.

No capítulo anterior, introduzimos o conceito de biosfera, a atividade coletiva de toda vida que há em um planeta. As biosferas são uma ideia relativamente nova na ciência. Foi desenvolvida por

Vladimir Vernadsky, o maior cientista de quem você nunca ouviu falar. Vernadsky foi um pesquisador russo que trabalhou durante a era comunista, provavelmente o motivo de você nunca ter ouvido falar dele. Ele inventou as ciências da Geoquímica e da Biogeoquímica. Para Vernadsky, a vida não era só uma matéria verde que não exercia efeito nenhum em seu mundo. Pelo contrário, era uma força dinâmica que moldava a história de um planeta.

Numa série de palestras proferidas em Paris em 1926, Vernadsky apresentou ao mundo o conceito moderno de biosfera. Detalhou como a vida era um protagonista na evolução planetária, tão importante quanto os outros geossistemas — a atmosfera, a hidrosfera (água), a criosfera (gelo) e a litosfera (solo). Hoje, todo o conhecimento que temos da Terra, incluída a mudança climática, se sustenta nos fundamentos que Vernadsky lançou.

O que Vernadsky tem a ver com a busca por vida inteligente? Vimos antes que as técnicas de caracterização atmosférica recém-inventadas pelos astrônomos permitiram que eles investigassem biosferas à procura de bioassinaturas. Na verdade, procurar por vida alienígena significa procurar por biosferas alienígenas. Ponto para Vernadsky. Mas ele não parou por aí. Naquelas mesmas palestras em Paris, Vernadsky prosseguiu frisando a ação dos microrganismos, das plantas e dos animais. O passo seguinte era pensar como a tecnologia podia ser uma força ainda mais potente pegando carona num planeta. Foi assim que Vernadsky imaginou o advento da *noosfera*.

Nous (*νοῦς*, pronuncia-se "nó-os") é a antiga palavra grega para "pensamento" ou "mente". Em 1926, muito antes de a mudança climática dar as caras, Vernadsky foi capaz de ver o impacto que a civilização humana estava causando no planeta. Também foi capaz de ver que esse impacto vinha aumentando. Algum dia, disse ele, a biosfera terá sido substituída por uma "esfera de pensamento". Isso seria o impacto coletivo de todo o planejamento racional e o desenvolvimento tecnológico dos humanos — a noosfera. Hoje em dia, é chamada de tecnosfera.

Não é preciso procurar muito para encontrar a tecnosfera que construímos. Neste momento, enquanto você lê estas palavras, há invisíveis ondas eletromagnéticas de pensamento perpassando o seu corpo. Não estou falando sobre algum tipo de telepatia *new age*. Pelo contrário, estou falando da internet wireless. A Terra hoje se encontra cercada por uma cintilante esfera de pensamentos, conhecimentos e ações, personificada em nossas tecnologias sem fio. Todo esse pensamento, esse conhecimento e essas ações também têm consequências no mundo real. Os seres humanos repaginaram o mundo tão completamente que hoje os cientistas falam que a Terra está entrando numa nova era geológica chamada Antropoceno. Por exemplo, nós colonizamos mais da metade da superfície do planeta para o nosso uso. Movimentamos mais nitrogênio e fósforo pelo planeta do que as forças da natureza. Nossos animais domesticados para alimentação pesam mais do que todos os mamíferos que existem na Terra. E, é claro, alteramos a química atmosférica e sua temperatura. Para o bem ou para o mal, a tecnosfera está aqui. Fomos nós que a construímos, e agora é nela que vivemos. Pois é aí que está a questão da busca por civilizações alienígenas.

Se as biosferas são a chave para encontrar vida alienígena "burra", então as tecnosferas são o caminho para encontrar aliens "espertos". Assim que uma civilização coleta energia suficiente e a põe em funcionamento para criar uma vibrante tecnosfera, ela terá alterado o próprio planeta a ponto de nele deixar uma marca irreversível. Sua superfície terá outra aparência. Sua atmosfera conterá compostos diferentes. O espaço ao redor dela será povoado por máquinas (isto é, satélites) que jamais estariam lá sem a ajuda da tecnosfera. Em outras palavras, assim que uma tecnosfera aparece, o planeta começa a apresentar *tecnoassinaturas* que podem ser vistas de distâncias interestelares e talvez até intergalácticas. Tais tecnoassinaturas são coisas que nós, humanos, seremos capazes de ver diretamente, mas a possibilidade de existirem é algo que os cientistas passaram a reconhecer apenas por volta da última década. Ironicamente, só nos tornamos capazes de reconhecê-las porque agora encaramos a nossa atmosfera como a verdadeira força transformadora que ela é. Foi assim que começamos a nos perguntar como se pareceria uma tecnosfera alienígena que tivesse de mil a 1 milhão de anos de vantagem em relação a nós.

Tecnoassinaturas

O dia em que a Terra meio que parou

Crianças numa loja de doces. Era nisso que estávamos pensando. Foi na manhã de uma de quarta-feira, 26 de setembro de 2018, que me vi junto a cerca de outros cinquenta astrônomos em um auditório do famoso Instituto Lunar e Planetário de Houston, Texas. Fomos chamados lá pela Nasa para participar de um encontro intitulado "Workshop de Tecnoassinaturas". Ao que parece, o Congresso americano havia acabado de orientar a agência espacial a alocar 10 milhões de dólares para a busca por civilizações alienígenas. Queriam nos dizer como deveríamos gastá-los.

O financiamento federal para a SETI era então algo raro de ver, tendo em vista a maneira como os UFOs e as imagens de homenzinhos verdes tinham sido usados para transformar a SETI num certame político lá no início dos anos 1990. Mas a descoberta recente dos exoplanetas tornou a Astrobiologia um dos principais focos dos empreendimentos da Nasa. Enquanto a SETI estava na geladeira, vimos financiamentos significativos sendo direcionados para a busca do que, até agora, tenho chamado de busca por vida "burra" (microbiana) em outros planetas. Por exemplo, a Nasa tinha um bom número de projetos que visavam à detecção de biosferas alienígenas através de suas respectivas bioassinaturas. Mas, por razões que fugiam ao controle da Nasa, a busca por vida inteligente continuava sem receber o devido apreço. O que fazia aquele encontro promovido pela Nasa tão empolgante era o pensamento de que talvez, apenas talvez, o Sol estivesse prestes a brilhar sobre a busca por vida "esperta". A Nasa parecia pronta para adotar a ideia de tecnoassinatura.

O termo *tecnoassinatura* foi cunhado por Jill Tarter, uma das grandes heroínas da SETI. Ela começou sua carreira nos anos 1970, e pelas décadas seguintes defendeu com coragem, obstinação e criatividade a busca por vida no cosmos. Quando a ciência das bioassinaturas galgava degraus para se tornar um campo de pesquisa sério, Tarter percebeu que a SETI, em todas as suas facetas, precisava ser vista como parte desse esforço. Afinal de contas, vida inteligente também é vida. Tarter reconheceu que a SETI sempre tratara da busca por tecnoassinaturas. Assim que passou a empregar esse termo, foi possível ver que as tecnoassinaturas são meramente um tipo especial de bioassinatura. Esse reconhecimento foi o que colaborou para a realização daquele encontro.

Quando a SETI teve início com o Projeto Ozma de Frank Drake, nos anos 1960, sua ênfase era em faróis. Para detectar um sinal de uma estrela distante, Drake e a maioria dos pesquisadores futuros da SETI haviam suposto que os aliens estavam concentrando sua energia de rádio numa única direção. Se o transmissor alienígena não fosse emitido mas estivesse enviando energia para todas as direções, seu poder teria sido tão grande que basicamente seria uma estrela. Era pedir muito de nossos pretensos aliens. Portanto, todo mundo procurava por faróis, mas essa decisão implicava que os únicos sinais que detectaríamos seriam aqueles enviados *de propósito*. Os aliens teriam que deliberadamente anunciar sua presença. Esse tipo de estratégia de busca guiou quase toda a SETI por sessenta anos. Foi então que a descoberta dos exoplanetas expandiu a busca por vida "esperta" para novas direções, incluindo por meio de radiotelescópios, que a SETI clássica já havia usado.

As bioassinaturas são a marca *não intencional* da presença de uma biosfera na luz vinda de um planeta distante. Não é como se os microrganismos, as florestas e os animais que formam uma biosfera alienígena estivessem tentando anunciar sua presença ao universo. As bioassinaturas apenas acontecem. O mesmo se aplica à tecnosfera. Em outras palavras, as civilizações criarão tecnoassinaturas, quer queiram, quer não enviar cartões de visita, simplesmente cuidando da sua própria vida. Além disso, como discutimos alegremente no encontro, existem muitas maneiras de produzir esse tipo de marca não intencional. Poluição, luzes da cidade, reflexos de painéis solares, megaestruturas em órbita — a lista é longa e exaustiva. Ficamos um bom tempo pirando na nossa nerdice.

Os três dias seguintes foram uma loucura. A primeira providência na ordem do dia era fazer um levantamento de campo. Que tipos de ideias relativas a que tipos de tecnoassinaturas os cientistas já haviam proposto? Que tipos de tecnologias de telescópio naquele momento — ou no plano — eram capazes de encontrar essas tecnoassinaturas?

Rapidamente ficou claro que tínhamos muito por entender. A questão mais premente surgiu: Dado um portfólio de tecnoassinaturas propostas, em quais deveríamos focar?

Uma jovem e brilhante cientista chamada Sofia Sheikh assumiu o problema para si. Digeriu as discussões e rapidamente nos deu uma proposta para como selecionar as tecnoassinaturas com base em sua probabilidade de ocorrer num mundo alienígena, em sua duração e quão fáceis seriam de observar em comparação com outras categorias. Sheikh também sugeriu contrapor coisas como a ambiguidade de uma tecnoassinatura específica ao custo de montar a busca por ela. Megaestruturas alienígenas, como as esferas de Dyson comentadas no capítulo 2, podem ser baratas em tempo de aluguel de telescópio infravermelho, mas também é verdade que quaisquer detecções seriam difíceis de distinguir de fontes astronômicas naturais, como grandes estrelas de poeira. Nesse caso, as megaestruturas ficariam mal no equilíbrio entre custo e ambiguidade. Se conseguíssemos encontrar uma tecnoassinatura diferente que se saísse melhor, deveríamos concentrar nossos esforços nela, em vez de nas megaestruturas.

Também foram apresentadas possibilidades animadoras nas estratégias "clássicas" de radiotelescópio da SETI. O uso de inteligência artificial para fazer um pente-fino automático nos zilhões de horas de observações significava novas maneiras de conduzir as buscas por "anomalias". Uma anomalia é um sinal que não se parece com nada que a natureza seria capaz de produzir. Esse foi um dos grandes focos da iniciativa Breakthrough Listen, para a qual o bilionário Yuri Milner fizera uma contribuição de 100 milhões de dólares. O Breakthrough Listen significava que finalmente havia financiamento disponível para comprar horas de aluguel de radiotelescópio e dar início a um empreendimento abrangente da SETI. A iniciativa, sozinha, já era razão para ficar empolgado com o futuro.

Discutimos questões sobre as tecnoassinaturas durante horas e horas no encontro. Depois, no jantar, discutimos sobre elas por horas e mais horas. Mais tarde, nós as discutimos por algumas horas enquanto tomávamos uma bebida, e nos corredores dos hotéis em que estávamos. Quando o encontro chegou ao fim, estávamos completamente exaustos, mas também completamente eufóricos, como se tivéssemos passado um fim de semana enfrentando ondas gigantes ou esquiando sobre um terreno íngreme em um dia de neve recém-caída. Acima de tudo, ficamos com a impressão de que uma porta estava se abrindo. Junto da já incrível possibilidade das bioassinaturas, a busca por civilizações alienígenas também vinha ganhando força.

Por sinal, aqueles 10 milhões de dólares nunca foram alocados no orçamento do Congresso americano. Fuén fuén fuén. Não importa. A bola de neve estava rolando pela ribanceira. Dentro de um ano, meus colegas e eu iríamos submeter uma proposta e seríamos agraciados com o primeiríssimo financiamento de pesquisa da Nasa para buscar tecnoassinaturas atmosféricas. Logo depois, alguns outros financiamentos também foram aprovados. Era o raiar de uma nova era. Aquele alvo tão almejado — a busca científica e bem sustentada por civilizações alienígenas — estava, esperançosamente, entrando na mira.

O ataque das megaestruturas alienígenas

A estrela de Boyajian

Na construção da nova ciência das tecnoassinaturas, a pergunta que tem nos guiado se tornou a seguinte: O que, exatamente, vamos procurar? Em que tipos de tecnoassinaturas os meus colegas da comunidade científica estão focando? O que achamos que os aliens estarão fazendo, e como é que os encontraremos fazendo isso?

As megaestruturas alienígenas são o lugar em que essa história deve começar. No outono de 2011, um grupo de astrônomos amadores se debruçou sobre os dados do Telescópio Espacial Kepler, projetado para ser uma missão de descoberta de exoplanetas. O Kepler era capaz de encarar milhares de estrelas ao mesmo tempo, procurando o momento em que um planeta passava por nós e por sua estrela hospedeira. Quando isso acontecia, o telescópio registrava um pequeno apagamento no brilho da estrela, e *voilà*, outro estranho novo mundo era acrescentado à longa lista de descobertas.

Por boa parte do tempo, esses apagamentos no brilho da estrela (trânsitos) se encaixavam perfeitamente no que era esperado pelos modelos matemáticos de um planeta que passa na frente de uma estrela. Essa regularidade permitiu à Nasa construir uma ferramenta de inteligência artificial que conferiria os dados antes de qualquer pessoa e marcava as estrelas que aparentemente possuíam planetas. Mas às vezes o Kepler via coisas tão estranhas que a IA sentia uma indigestão robótica. Nesse caso, o computador imediatamente cuspia os dados de volta para seus criadores humanos como se dissesse "vocês que se virem". Isso aconteceu tantas vezes que a Nasa criou um site para o público interessado chamado Planet Hunters,[1] que permitia a não cientistas analisarem as esquisitices espaciais. Foi assim que a estrela afetuosamente conhecida por KIC 8462852 ganhou as manchetes do mundo inteiro.

Trânsitos normais parecem um declive em forma de U no brilho da estrela que se repete a cada volta na órbita. O planeta se sacode em volta da estrela. Ele passa por nós e pela estrela, bloqueando parte da luz de uma maneira que parece um U num gráfico de brilho versus tempo.

No entanto, no lugar desses declives nítidos e cronometrados em forma de U, a luz da estrela KIC 8462852 parecia o sorrisinho de um dragão com problemas dentários. A luz ficava bloqueada por um curto período, criando um formato profundo de V no brilho. Então mais nada, e pouco tempo depois três curvaturas nítidas, de diferentes profundidades; de novo, mais nada por um bom tempo. Isso não era algo que um planeta fosse capaz de criar. Alguma coisa muito estranha estava acontecendo em volta da estrela. Em pouco tempo os dados malucos foram apresentados a Tabetha Boyajian, uma jovem astrônoma que trabalhava no projeto Citizen Science. Para ela, os dados também não fizeram sentido. Então, ela fez o que qualquer cientista que se preze teria feito: tratou de escrever um artigo. Como parte de seu esforço, foi conversar com Jason Wright, professor na Universidade Penn State (e membro da nossa equipe de pesquisa em tecnoassinaturas da Nasa). Intrigado, Wright tratou de escrever um artigo que tentava identificar sistematicamente todo tipo de coisa que estivesse passando na frente de KIC 8462852 para que a assinatura de trânsito fosse tão estranha. Seria uma nuvem de cometas em órbita? Talvez. Estilhaços de uma lua partida? Poderiam ser. Uma série de nuvens de poeira? Sim, era possível. Ah, e que tal um enxame de megaestruturas alienígenas na órbita?

(Som da vitrola arranhando o disco.)

Sim, megaestruturas alienígenas. Wright decidiu incluir as megaestruturas alienígenas orbitais como uma explicação plausível em seu artigo. Por que ele teria feito isso, especialmente sabendo que poderia ser muito criticado ao fazer esse tipo de sugestão? Estaria ele sendo apenas atrevido? Procurando briga? Querendo aparecer na TV? A resposta é muito mais simples. No começo dessa busca por uma explicação para um sinal astronômico anômalo, essas megaestruturas eram uma ideia bastante antiga com um pedigree muito bom.

A possibilidade de que uma civilização alienígena avançada cercasse sua estrela com coletores solares gigantes remonta aos primeiros anos da SETI e ao conceito das esferas de Dyson. Desde aqueles primeiros artigos, as esferas de Dyson e os enxames de Dyson se tornaram uma ideia essencial para os cientistas pensarem sobre as marcas observáveis — as tecnoassinaturas — de civilizações alienígenas. Em 2005, o astrônomo Luc Arnold levou a cabo um detalhado estudo de como exatamente as megaestruturas alienígenas orbitais, do tipo das partes de um enxame de Dyson, apareceriam em observações telescópicas. Arnold começou seu cálculo considerando diferentes formatos de megaestruturas alienígenas — triângulos, quadrados, retângulos e assim por diante. O prefixo "mega" tinha a ver simplesmente com o fato de que tais máquinas precisariam ser do tamanho de um planeta. Já "alienígena" se referia ao fato de que a natureza, até onde sabemos, não produz triângulos do tamanho de planetas. Ao calcular como as estruturas bloqueariam luz à medida que passassem pela frente das estrelas, Arnold reuniu um catálogo de trânsitos de megaestruturas alienígenas. Uma parte das curvas de luz teóricas de Arnold parecia indicar o que Boyajian viu nos dados da estrela KIC 8462852. Wright ressaltou isso em seu artigo.

Obviamente, Boyajian não estava reivindicando tal descoberta, e Wright estava apenas dizendo que deveria estar na lista de possibilidades. Quando Wright e Boyajian enviaram uma proposta de telescópio para procurar assinaturas de um enxame de Dyson ao redor de KIC 8462852, a imprensa tomou a história para si e logo a expressão MEGAESTRUTURAS ALIENÍGENAS, em letras garrafais, estampava todos os jornais do planeta. A cobertura de KIC 8462852 — estrela de Boyajian ou estrela de Tabby, como veio a ser conhecida — foi o primeiro indício público de que algo havia mudado na busca por civilizações alienígenas.

Por fim, depois de muito trabalho e novas observações, os astrônomos descobriram que a melhor explicação eram nuvens de poeira, não máquinas do tamanho de um planeta. Sim, eu sei, que frustrante! Nuvens de poeira não são tão empolgantes quanto megaestruturas alienígenas — a não ser, é claro, que você seja um astrônomo que estuda nuvens de poeira, e, nesse caso, devo me corrigir, elas são empolgantes demais. Mas a decepção não é o ponto dessa história. O que realmente aprendemos com o episódio da estrela de Boyajian foram dois importantes reconhecimentos. O primeiro é o de que a revolução dos exoplanetas tinha reescrito por completo as regras da busca por civilizações alienígenas. O segundo é o de que finalmente o danoso "fator risada" se encaminhava para seu fim. Tornou-se aceitável incluir as tecnoassinaturas como uma possibilidade nos artigos científicos revisados por pares.

A sugestão de Wright de que havia uma possível origem alienígena para os dados misteriosos era sensata até que se provasse o contrário. Representou um marco na história da busca moderna por vida e inteligência. Tão importante quanto isso foi o fato de os astrônomos terem confirmado o exato tipo de assinatura que poderíamos esperar para uma das mais antecipadas formas de supertecnologia alienígena. Mesmo que a estrela de Boayjian não a possuísse, a possibilidade de que alguma outra estrela algum dia pudesse apresentá-la ficou muito mais plausível.

Poluição, luzes e clarões

O que os céus alienígenas podem nos dizer sobre os aliens

Enfim, temos tecnologias telescópicas potentes o bastante para começar a buscar (como o Telescópio Espacial James Webb e outros), e enfim sabemos onde procurar (nos exoplanetas), mas o que exatamente estamos procurando? Uma estratégia seria procurar coisas estranhas, ou, usando uma palavra mais formal, *anomalias*. Esse é o foco a animar boa parte da SETI via radiotelescópio hoje em dia, já que os pesquisadores vêm obtendo avanços na inteligência artificial para passar um pente-fino em oceanos de observações e buscas por sinais que em nada se parecem com algo que a natureza é capaz de produzir. Outra rota — aquela que meus colegas no projeto da Nasa estão tomando — é descrever todas as maneiras pelas quais uma civilização qualquer possa ter evoluído. Precisamos imaginar sistematicamente como a tecnologia evolui e descobrir suas marcas observáveis, se é que há alguma. Em especial, precisamos saber o que as civilizações, em geral, fazem com seus planetas. Por sorte, a história dos humanos e da Terra nos dá uma resposta provável: elas o poluem.

Por mais estranho que pareça, buscar a poluição em atmosferas de mundos distantes pode ser a maneira mais rápida de encontrar uma civilização distante. Na definição de "civilizações industriais", lá está a importante palavra *indústria*. O que é indústria? É o uso de energia para produzir coisas. Quanto mais avançadas se tornam as coisas que você produz, menos elas parecem naturais. Se uma parte dessas coisas avançadas e não naturais pode ser vista a uma distância de centenas de anos-luz, então pronto: você tem uma tecnoassinatura.

Talvez isso soe muito abstrato. Vamos trazer a discussão para a Terra — literalmente. Clorofluorcarbonetos (CFCs) são uma classe de moléculas inventada pelos químicos por volta dos anos 1920. *Inventadas* é a palavra-chave aqui, porque os CFCs não ocorrem naturalmente. Com uma mistura dos elementos cloro, flúor e carbono (dããã, eu sei), os CFCs possuem propriedades incríveis, que os tornam perfeitos para aplicações industriais. Sua resposta ao calor faz deles ótimos para aparelhos de ar-condicionado. Sua reação à pressão os torna ideais para latas de aerossol. Assim, bilhões de toneladas de CFCs ganharam espaço em fábricas, escritórios e lares ao redor do globo. No entanto, por causa de toda essa produção industrial, milhões de toneladas de CFCs também ocuparam a atmosfera. Foi quando os cientistas descobriram que os CFCs estavam devorando a camada de ozônio da Terra.

Ops.

A notícia era muito ruim, porque a camada de ozônio é o que nos protege da radiação solar que causa o câncer de pele. Assim que as pessoas perceberam o que estava acontecendo, elas se uniram, deram as mãos, cantaram "Kumbaya" e, então, cortaram severamente a produção de CFCs. Foi uma questão muito importante, e nossa resposta se tornou o modelo para lidar com gases de efeito estufa e com a mudança climática. Hoje, ainda há CFCs em nossa atmosfera, mas em quantidade muito menor.

Essa história sobre indústria, ar e química nos mostra duas coisas muito importantes quando o assunto é caçar alienígenas. A primeira é que elementos como os CFCs apenas existem por causa de nossa tecnologia. A segunda é que uma civilização industrial é capaz de lançar enormes quantidades desses elementos na atmosfera do seu planeta, de propósito ou sem querer. No nosso caso, foi por engano, mas uma civilização pode adicionar elementos intencionalmente em sua atmosfera por um monte de razões (como terraformação, que exploraremos mais adiante).

Agora, eis o xis da questão. Alguns dos elementos atmosféricos que uma civilização joga na atmosfera podem ser detectáveis através do espaço sideral. Posso comprovar isso porque foi um dos primeiros resultados obtidos pelo nosso grupo de pesquisa de tecnoassinaturas na Nasa. Chegamos a ele usando CFCs. Sob a liderança de Jacob Haqq-Misra e Ravi Kopparapu, nossa equipe construiu um modelo matemático de um planeta similar à Terra orbitando ao redor de uma estrela a dezenas de anos-luz. Depois, despejamos em sua atmosfera os mesmos níveis de CFCs que hoje temos na nossa. Por fim, "observamos" esse exoplaneta por meio de uma representação matemática do Telescópio Espacial James Webb (TEJW). Os resultados mostraram que, com base em algumas premissas, o uso do James Webb durante apenas algumas semanas já era o bastante para detectar CFCs no planeta alienígena habitado por simulação. Se fosse um planeta de verdade, teríamos encontrado provas conclusivas da existência de uma civilização alienígena. Os resultados nos deixaram bem orgulhosos (e animados).

Eles foram um tipo de divisor de águas na ciência das tecnoassinaturas. Pela primeira vez, os cientistas (nossa equipe) haviam demonstrado que a tecnologia industrial *em um nível que a Terra possui no momento* (produção de CFCs) poderia ser detectada com o uso de *tecnologia telescópica que a Terra dispõe atualmente* (o TEJW). O que se poderia traduzir numa simples conclusão: a caça científica aos aliens em planetas alienígenas é, agora, uma realidade. Isso não nos diz que existe uma química industrial na atmosfera de um exoplaneta qualquer, mas sim que, caso haja e esteja nos níveis certos, poderíamos encontrá-la.

Elementos químicos numa atmosfera não são a única maneira de planetas distantes poderem revelar que abrigam uma civilização. Dê só uma olhada numa imagem da Terra à noite, e você vai ver que todas as cidades e estradas a conectá-las ficam lindamente iluminadas, como teias de aranha cintilantes. Um visitante alienígena que alcançasse a órbita da Terra poderia olhar para a noite de nosso mundo e imediatamente saber que a Terra abriga uma espécie de alta tecnologia. Será que poderíamos fazer o mesmo procurando pelas luzes da cidade em planetas distantes? Em outras palavras, poderia a iluminação artificial ser uma tecnoassinatura? A resposta definitiva é sim, graças a todos esses avanços na tecnologia telescópica em que fico insistindo.

As fontes de luz artificial produzem fortes marcas espectrais, passíveis de ser vistas a partir de um exoplaneta. Tecnologias como as lâmpadas de sódio ou halógeno que usamos hoje têm um efeito global coletivo. A assinatura dessas luzes artificiais seria codificada na luz de qualquer planeta alienígena que tenha uma civilização a usá-la. Em 2021, Thomas Beatty mostrou que essas tecnoassinaturas poderiam ser detectadas com o uso de telescópios sendo produzidos neste exato momento.[2] Contudo, havia uma ressalva a esse resultado. Para ver a iluminação artificial alienígena com os telescópios que temos hoje, precisaríamos de um planeta com mais luzes da cidade do que a Terra. Nossa melhor aposta seria ver planetas com imensas cidades espalhadas, como a Coruscant de *Star Wars* ou a Trantor da série *Fundação*, de Isaac Asimov. Os cientistas chamam esses planetas de *ecumenópolis* (isto é, uma cidade-mundo). (Dou um dólar para quem for capaz de meter um "ecumenópolis" numa conversa sem causar estranheza.)

Uma vez que nossa tecnologia telescópica vem melhorando ao longo das décadas, seremos capazes de fazer mais do que simplesmente procurar por marcas de tecnologia ocultas na luz do planeta. A nova geração de telescópios terrestres que está sendo construída agora mesmo terá espelhos de trinta metros. Isso é quase três vezes mais do que os telescópios de hoje. Ao usar esses monstros e técnicas avançadas para analisar a luz refletida de um exoplaneta, os astrônomos talvez possam obter imagens de baixa resolução de sua superfície.[3] Seria um avanço realmente revolucionário. A primeira coisa que talvez possamos fazer com telescópios monstruosos e as novas técnicas seria procurar diretamente por regiões claras na noite de um planeta. Também poderíamos mapear fontes locais de calor a fim de rastrear plantas industriais onde a energia seria reunida para operar a manutenção da civilização. Se mapear um planeta alienígena dessa maneira te parece algo radical, seu instinto está certo. Se você ainda não completou cinquenta anos, também existe uma boa chance de estar quando isso acontecer.

As últimas tecnoassinaturas baseadas em planetas que valem a pena mencionar são os coletores solares. Em 2017, Manasvi Lingam e Avi Loeb revelaram que as civilizações que usam painéis solares em escalas planetárias criam tecnoassinaturas claramente detectáveis.[4] Manasvi Lingam é uma teórica realmente talentosa com um conhecimento enciclopédico da literatura científica. Quando a luz do Sol atinge um coletor solar, parte da luz é absorvida, e outra parte quica de volta para o espaço sideral. Pense no clarão de qualquer objeto refletivo. A luz que é refletida carrega uma marca de seu encontro com o coletor. Lingam e Loeb demonstraram que essa marca estaria lá não importa que tipo de material os aliens usassem para coletar radiação solar. A natureza provê apenas alguns tipos de elementos, como o silício, que reagem da maneira certa para transformar a luz do Sol em eletricidade. Lingam e Loeb denominaram a assinatura que os coletores solares deixam na luz refletida *UV edge* [faixa ultravioleta]. Trata-se basicamente de um grande salto na refletividade acontecendo bem em volta da região ultravioleta do espectro.

O mais legal desse resultado é que os astrobiólogos já sabem há algum tempo que nossa biosfera impõe uma forte “faixa vermelha” no espectro da Terra. Ao observar a Terra a partir de nossas próprias espaçonaves, os cientistas descobriram que há um grande salto na maneira como a Terra reflete a luz do Sol na fronteira entre os comprimentos de onda verde e vermelho. A tal faixa vermelha é criada pela luz solar rebatida por todas as folhas de todas as árvores de todas as florestas do nosso mundo. Algo parecido deve ocorrer em qualquer planeta onde a fotossíntese seja igualmente importante. A faixa vermelha tem sido a bioassinatura potencial favorita já há um tempo. Agora, graças a Lingam e Loeb, a faixa UV pode ser uma das melhores tecnoassinaturas em potencial à nossa disposição.

Artefatos do sistema solar

Foi você que deixou cair isto aqui?

Em 20 de julho de 1969, Neil Armstrong e Buzz Aldrin pousaram seu foguete lunar com segurança na superfície da Lua. Fincaram uma bandeira, ligaram alguns instrumentos científicos e, então, partiram de novo para o espaço sideral, deixando o estágio de descida do foguete (sua metade inferior) na superfície. Ficaram na Lua por cerca de 22 horas apenas. Certamente foram horas solenes, mas elas são minguadas em comparação com o tempo que as coisas que eles abandonaram ficarão lá, na superfície da Lua. Na ausência de ventos e de chuvas para erodi-la, os artefatos que Armstrong e Aldrin deixaram restarão intactos e passíveis de serem descobertos por provavelmente milhões de anos ou mais.

Essa escala de tempo extraordinária suscita uma pergunta igualmente extraordinária. Se nossas coisas ficarão intactas por tanto tempo na Lua, e quanto às coisas deixadas por outro alguém, ou outra coisa, que passasse para uma visitinha? Em outras palavras, se aliens que passaram há muito tempo pelo sistema solar deixaram equipamentos na Lua, ainda seríamos capazes de encontrá-los?

Essa foi a pergunta levantada por um ramo totalmente separado dos estudos de tecnoassinaturas chamado “sistema solar SETI” ou “artefato SETI”. A ideia é tão simples quanto estonteante. Conforme a exploração do sistema solar atinge seu próximo estágio de maturação, deveríamos gastar algum tempo procurando por objetos deixados por aliens. Para entender do que exatamente os pesquisadores do sistema solar SETI estão falando, vamos começar pelos tipos de buscas que estão se tornando possíveis. Um bom lugar para começar é a Lua.

Nas décadas seguintes ao programa Apollo, muitos robôs orbitais foram enviados para fotografar a superfície da Lua. As imagens ficaram tão boas que agora temos um mapa quase completo do terreno lunar, com uma resolução de imagem de cerca de um metro. Com esse tipo de nitidez, poderíamos, a princípio, vasculhar todos os 14,6 milhões de metros quadrados da Lua em busca de evidência de tecnologias deixadas para trás por outros que não nós, humanos. Se você fizesse isso na mão, levaria toda uma vida para concluir. Ninguém tem tanta paciência assim. Graças à inteligência artificial, você pode colocar um computador para trabalhar por você. Por meio do *machine learning*, pode-se treinar um computador para procurar por anomalias naquelas imagens de superfície. Neste caso, as anomalias são coisas que não se parecem com rochas. Em 2020, uma equipe de pesquisadores do Laboratório de Propulsão a Jato da Nasa fez exatamente isso numa região diminuta ao redor do local de pouso da *Apollo 11*. A inteligência artificial não encontrou dificuldades em avistar o foguete na relativamente pequena região-alvo que a equipe ordenou à IA que vasculhasse. O próximo passo, se a equipe conseguir financiamento, será fazer a mesma busca usando imagens completas da Lua.

Além de procurar artefatos tecnológicos alienígenas na superfície de luas e planetas, também poderíamos procurar máquinas alienígenas navegando através do espaço interplanetário. O problema disso é o constante repuxo gravitacional dos planetas à medida que giram em volta do Sol. Com o tempo, esse empurra e puxa desestabilizaria o movimento orbital de um artefato. Depois de centenas de milhares até milhões de anos, a maioria dos artefatos orbitais abandonados pelos aliens seria arrastada até o Sol ou colidiria com um planeta. Para fazer essa abordagem funcionar, os cientistas precisam identificar as órbitas ao redor do Sol ou os planetas que se mantêm estáveis por bilhões de anos. Essas longas escalas de tempo são necessárias porque não há como saber quando nossos hipotéticos visitantes alienígenas de fato nos visitaram. Se eles deram uma passadinha quando os dinossauros estavam aqui, 100 milhões de anos atrás, teriam que ter colocado suas sondas num tipo de órbita muito específica para que ainda pudéssemos encontrá-los.

Agora precisamos lidar com a verdadeira e estonteante pergunta por trás de tudo isso: os aliens poderiam *mesmo* ter visitado nosso sistema solar? Estou inclinado a pensar que isso é mais difícil do que procurar por tecnoassinaturas dos próprios planetas alienígenas. Se você deseja encontrar aliens, deve procurar onde vivem (exoplanetas), não num planeta afastado, como a Terra.

Dito isso, a primeira vez que ouvi uma menção séria à ideia de que o sistema solar poderia abrigar artefatos alienígenas foi durante uma apresentação num encontro sobre tecnoassinaturas realizado em 2020. O palestrante estava falando sobre *lurkers* [espreitadores], o nome dado às hipotéticas sondas enviadas por outra civilização para espionar a Terra. Naquele momento me ocorreu que, se estivéssemos prestes a encontrar um planeta que possuísse tecnoassinaturas, também iríamos, assim que possível, enviar alguma coisa para ir lá espreitá-los. Enviaríamos um robô para o espaço interestelar a fim de observar o planeta dotado de biosfera e colher dados para nós. Se isso funcionasse, enviaríamos mais um, e depois outro e mais outro. Não vou mentir: o pensamento me causou calafrios. Se havia alguma maneira de o conceito "UFOs são aliens!" fazer sentido para mim, era essa: não seriam alguns visitantes de cabeça triangular procurando abduzir o gado, mas seriam umas máquinas enviadas para o vazio impossível, a fim de coletar dados. No entanto, antes de corroborar essa ideia, eu tinha muitas perguntas sobre por que essas sondas pareciam ser avançadas o bastante para se esconder de nós, ao mesmo tempo que eram péssimas em se camuflar (o argumento do farol alto, lá do capítulo 4). E essa era apenas a *primeira* de minhas muitas perguntas.

No entanto, você não precisa acreditar que os UFOs são aliens para pensar que o programa "sistema solar SETI" vale a pena. O Sol e seus planetas têm mais de 4 bilhões de anos de idade. Artefatos enviados ao sistema solar ou abandonados por viajantes de passagem podem ter chegado aqui em qualquer momento durante esse longuíssimo período. Não importa como você os encara, os artefatos do sistema solar SETI, sejam eles recentes ou antigos, representam um filão viável da pesquisa em tecnoassinaturas. Graças aos rápidos avanços de nossa própria tecnologia (IA e exploração interplanetária), a hora de começar essas buscas com seriedade finalmente chegou.

O 'Oumuamua era uma sonda alienígena?

Tem visita para você

O estranho objeto ficara na escuridão do espaço sideral por muitíssimo tempo, silenciosamente atravessando a longa e fria distância entre as estrelas. Agora a luz de Sol, estrela-mãe da Terra, brilhava mais, à medida que atravessava a órbita de Netuno rumo aos domínios de nosso sistema solar. Contudo, ela não permaneceria lá por muito tempo. Assim que a humanidade reconhecesse que tinha um visitante galáctico, sobrariam poucos meses para estudar o interlocutor antes que ele passasse voando pelo Sol e retornasse ao negrume para todo o sempre.

Assim começa *Encontro com Rama*, o romance de ficção científica de Arthur C. Clarke, publicado em 1973. Nele, uma nave alienígena, de quilômetros de comprimento e formato cilíndrico, cruza silenciosamente o sistema solar numa missão desconhecida até um destino desconhecido. Erroneamente identificada como um cometa interestelar, os humanos precisam enviar uma nave para investigar. Trinta e cinco anos depois, a vida imitaria a arte quando 'Oumuamua apareceu de repente na borda de nosso espaço.

O telescópio PAN-STARRS (em tradução literal, Telescópio de Pesquisa Panorâmica e Sistema Rápido de Resposta) assenta-se no topo do vulcão Haleakalā, na ilha de Maui, no Havaí. Coordenado pela Universidade do Havaí, ele foi projetado para varrer o céu continuamente, à procura de *transientes* — objetos celestiais que mudam rapidamente de lugar ou aparecem e depois somem na mesma velocidade. Na noite de 19 de outubro de 2017, o PAN-STARRS descobriu um transiente como nenhum outro visto. O objeto, chamado de 1I/2017 U1, não era um cometa nem um asteroide girando em volta do Sol em sua trajetória orbital. Com base em sua velocidade em seu movimento, o 1I/2017 U1 estava claramente só de passagem. Não era parte do sistema solar, nem de longe. Era um visitante.

O objeto descoberto naquele dia de outubro foi o primeiro interlocutor verdadeiramente interestelar já visto no sistema solar, e tratava-se de uma grande notícia. A princípio, alguns astrônomos pensaram em chamar o objeto de Rama, mas logo se chegou ao consensual 'Oumuamua, que em havaiano significa "patrulheiro". Um dia depois do aparecimento de 'Oumuamua, a comunidade astronômica ficou maluca. Os astrônomos correram para fazer quantas observações fossem possíveis antes que ele desaparecesse no vácuo entre as estrelas. O principal objetivo dos pesquisadores era responder à mais básica das perguntas: O que era aquilo? Estudos teóricos tinham previsto havia tempos que os cometas e asteroides poderiam facilmente ser ejetados de um sistema solar e ir parar no espaço sideral. O principal suspeito dessa ejeção seria um contato imediato com um planeta do tamanho de Júpiter. No entanto, à medida que novos dados chegavam, 'Oumuamua parecia resistir a uma classificação rápida.

A primeira coisa estranha era seu formato. Ao monitorar com atenção a luz refletida de 'Oumuamua, os astrônomos deduziram que tinha uma proporção extremada. Esse é um jeito chique de dizer que era ou comprido e fino, feito um charuto, ou redondo e achatado, feito uma panqueca. Não é fácil para a natureza produzir formas assim, e nenhum objeto do sistema solar lembrava 'Oumuamua.

A segunda coisa estranha era sua movimentação. Quando um objeto "morto", como um asteroide, orbita ao redor do Sol, as únicas acelerações (alterações de velocidade) que podem ocorrer se devem à gravidade. A gravidade do Sol o empurra na direção do Sol. Os planetas também exercem os próprios repuxos. Com um bom computador, pode-se em geral rastrear todas essas contribuições gravitacionais ao movimento de um objeto e prever todas as suas acelerações. Se você encontra mais aceleração do que é possível explicar pela gravidade, então quer dizer que o objeto não está morto. Algo deve estar acontecendo em sua superfície. Isso ocorre com frequência em cometas, que são basicamente bolas de gelo sujas do tamanho de montanhas. Quando cometas giram perto do Sol, eles se aquecem e parte do gelo evapora. Explosões de vapor começam a jorrar pela superfície do cometa. Cada jato age como um pequeno motor de foguete empurrando o cometa para lá ou para cá. Tais acelerações não gravitacionais são sempre acompanhadas por nuvens detectáveis de vapor de água e outros componentes ejetados pelos jatos.

Os astrônomos que rastreavam o ‘Oumuamua viram uma aceleração não gravitacional regular. Isso deveria tê-los levado à fácil conclusão de que ‘Oumuamua era, de fato, o núcleo de um cometa ejetado de algum sistema solar distante. No entanto, quando os astrônomos procuraram por gás ou jatos de vapor, não encontraram nenhum. Se havia jatos, eram invisíveis.

Portanto, ‘Oumuamua apresentou um dilema aos astrônomos. Eles haviam visto algo novo no céu, mas não conseguiam explicar suas propriedades satisfatoriamente. Para eles, essa não é uma situação radical. Os astrônomos com frequência veem coisas que não conseguem entender. Só depois de esgotar todas as explicações simples, fáceis e compreensíveis é que eles passam para a categoria rotulada como “santo Deus!”. É nela que a espaçonave alienígena se encontra.

A espaçonave alienígena era exatamente a possibilidade que Avi Loeb estava disposto a considerar no estudo que fez com Shmuel Bialy. Loeb era o diretor do Departamento de Astronomia de Harvard quando ele e Bialy escreveram artigos que simplesmente sugeriam que as velas feitas de luz poderiam ser uma explicação possível para ‘Oumuamua. Como já discutimos no capítulo 4, as velas feitas de luz são uma ideia que vem quicando lá e cá para explicar a propulsão interplanetária, e até testamos algumas delas na órbita da Terra. Para Loeb e Bialy, valia a pena considerar a possibilidade de que ‘Oumuamua fosse exatamente esse tipo de máquina lançada por outra espécie e que estivesse de passagem por nosso sistema solar. Era o tipo de sugestão que não diferia muito do que aconteceu com a estrela de Boyajian, sua doida assinatura de trânsito e as sugestões sobre megaestruturas alienígenas. Neste caso, a diferença, e a causa de muita consternação, era que, assim que ‘Omuamua se foi, ele se foi de verdade. Em um ano, ele se distanciou tanto que nem mesmo nossos melhores telescópios foram capazes de avistá-lo. Jamais voltaríamos a ouvir sobre ‘Oumuamua.

Na falta de novos dados, tudo o que restou foram os dados antigos. Com base na informação disponível, boa parte da comunidade científica pensa que 'Oumuamua era o núcleo implodido de um cometa extrassolar. Ofereceu-se uma variedade de explicações tanto para o formato do objeto quanto para suas acelerações não gravitacionais. Por exemplo, alguns pesquisadores argumentaram que 'Oumuamua era feito de gelo nitrogenado, em vez dos elementos mais familiares como dióxido de carbono ou água (gelo seco). Ao contrário destes, o gás nitrogênio é realmente difícil de detectar, portanto talvez seja essa a solução. No entanto, Loeb e Bialy contra-argumentam que os cometas não são capazes de se formar a partir de gelo nitrogenado. Em geral, Loeb continua a afirmar que todas as explicações "naturais" fracassam quando o assunto são as propriedades de 'Oumuamua. Para ele, a melhor e mais sensata explicação é que ele de fato era um artefato alienígena vagando no nosso quintal.

Dado que 'Oumuamua está além do nosso alcance (embora haja propostas de enviar uma sonda para capturá-lo), não há como responder definitivamente à pergunta sobre sua natureza. Para mim, dada a falta de novas informações, esses padrões de evidência dos quais fico falando sem parar tornam um pouco menos plausível a hipótese alienígena. Simplesmente não temos dados suficientes para concluir algo a respeito de 'Oumuamua. Isso significa que, embora a possibilidade das velas de luz alienígenas não possa ser descartada, também não pode estar no topo da lista. É um ponto de interrogação que assim vai continuar.

No entanto, a esta altura, 'Oumuamua não é mais o problema. Já descobrimos outro visitante interestelar de passagem por nosso sistema solar. Chamado 2I/Borisov, confirmou-se que ele é um cometa solar. Se houve dois deles, sem dúvida haverá outros. Agora que sabemos, estaremos de olho. Talvez o próximo visitante, ou o que vier depois dele, seja um artefato de inteligência que possa realmente merecer o nome Rama.

Terraformação

Como arquitetar um planeta habitável

Bons planetas são difíceis de encontrar. Sejam seres humanos tentando encontrar novos mundos para colonizar, sejam aliens procurando um lar substituto, a maioria dos planetas simplesmente não se encaixa na categoria. Muitos deles, como Mercúrio em nosso sistema solar, nem mesmo têm atmosfera. E os planetas que têm atmosfera provavelmente não têm os gases de que nossa espécie precisa para conseguir respirar. O que resta às civilizações avançadas e viajantes? Arquitetar o novo mundo para que ele lembre um lar.

Esse processo, chamado de terraformação, é um baluarte da ficção científica, e aparece em filmes e séries de TV como *Alien*, *Star Trek* e *Firefly*, e em videogames como *Horizon Zero Dawn* e *The Outer Worlds*. Elon Musk não para de falar na terraformação de Marte, e de fato parece algo que uma civilização suficientemente avançada seria capaz de fazer. Se esse for caso, os efeitos da terraformação bastariam para constituir uma imensa e iluminada tecnoassinatura. Mas, para entender como vamos tentar encontrar vida inteligente procurando pela sua arquitetura de escala planetária, primeiro temos que entender como a terraformação funcionaria.

Digamos que você tem um planeta chinfrim e quer transformá-lo num paraíso. O que é necessário? De que ações e tecnologias você precisa para fazer a transformação?

Seu planeta não tem atmosfera?

Parece que você tem um planeta de verdade nas mãos. A primeira coisa que deve fazer é encontrar alguns cometas e redirecionar suas órbitas de modo que se choquem contra o planeta. Os cometas estão repletos de coisas como dióxido de carbono (CO_2) e água (H_2O), dos quais você precisará para construir um belo cobertor de gases em volta do seu mundo. O CO_2 é um grande gás de efeito estufa, então você precisará dele para chegar a temperaturas diárias confortáveis. A água pode ser facilmente decomposta para liberar oxigênio, o qual pode ser usado para a respiração, se é que você é afim disso.

Obviamente, você não quer estar perambulando pela superfície durante essa fase apocalíptica da terraformação, mas, assim que a fumaça se dispersar (depois de alguns séculos mais ou menos), você vai se sentir bem para circular por aí.

Você também poderia obter parte do que precisa das reservas congeladas do planeta em si. Enterrados no mundo, pode haver um monte do que os físicos planetários chamam de *voláteis*, que são ótimos para a construção da atmosfera. Os voláteis são coisas como nitrogênio, dióxido de carbono, amônia e metano, que se tornam gases a uma temperatura relativamente baixa (isto é, à temperatura ambiente). O metano e a amônia seriam terríveis para os humanos (o primeiro tem cheiro de pum e o segundo corrói os pulmões), mas eles podem ter cheiro de lar para os aliens. Vale notar que os planos para a terraformação de Marte costumam depender do derretimento do CO_2 contido em suas extensas calotas geladas. Infelizmente, uma nova pesquisa indica que talvez não haja CO_2 suficiente em Marte para possibilitar o trabalho de terraformação.

Seu planeta tem uma atmosfera, mas ela não é útil para você (pois ela é problemática)?

Se o seu planeta tem uma atmosfera, mas do tipo errado, você talvez precise seguir os passos que vou mostrar. Terraformar é obter a atmosfera e o clima que você deseja. Se o planeta é como Marte, então haverá "ar", mas pouco dele para manter a superfície quente. Também haverá pouco oxigênio para tornar possível o nosso tipo de vida. Então, você provavelmente terá que procurar coisas para derreter e vaporizar a fim de lançá-las na atmosfera. Se não houver nada disso, você precisará fazer aquela coisa lá do cometa.

No entanto, para um planeta como Vênus, a história é o contrário. Vênus tem atmosfera demais, e ela é toda feita de CO_2. A terraformação de um planeta como Vênus provavelmente exigiria colocar um gigante anteparo na órbita para bloquear a luz do sol. Isso resfriaria o CO_2 e o condensaria na atmosfera. Restaria um tipo de gelo seco espumoso a cobrir a superfície. Depois, todo esse CO_2 precisaria ser coletado e enterrado. Arar a neve de um planeta inteiro, claro, não é tarefa para os tecnologicamente fracos. Só uma espécie muito avançada seria capaz de fazê-lo.

Se você está sendo forçado a edificar uma atmosfera, precisará também arquitetar geneticamente uma biosfera. Se quiser um mundo-jardim, precisará plantar um jardim. Um planeta habitado significa uma biosfera rica com um zilhão de diferentes espécies vivendo juntas (e devorando umas às outras). Você provavelmente não seria capaz de importar a flora e a fauna do seu planeta de origem; portanto, precisaria modificar geneticamente alguns microrganismos para ajudar a dar início à biosfera do seu novo mundo. Assim que conseguir isso, eles também auxiliariam no ciclo dos tipos certos de elementos dentro e fora da atmosfera. É isso que acontece na Terra, onde o oxigênio na atmosfera vem da atividade da vida. Esse é o modelo que você quer seguir.

É isso. Bem fácil, não é? Basta pôr a coisa em movimento, esperar alguns séculos (ou milênios) enquanto faz os ajustes necessários, e *voilà*, você estará pronto para habitar seu novo mundo.

Então, como a terraformação pode se tornar uma tecnoassinatura? Uma possibilidade que Jill Tarter sugeriu é encontrar uma sequência de planetas idênticos a orbitar uma estrela distante. Se você olhar para os planetas rochosos em seu próprio sistema solar, eles são muito diferentes uns dos outros. Mercúrio não tem atmosfera. Vênus tem atmosfera demais e um efeito estufa descontrolado. A Terra tem atmosfera e oceanos. Marte é um deserto seco e congelado, com uma atmosfera fina. Dada essa disparidade, imagine que encontramos outro sistema solar com quatro planetas rochosos e que todos eles têm as mesmíssimas atmosferas e temperaturas que as nossas. Imagine que todos têm 21% de oxigênio e temperaturas médias de superfície de 15 °C. Essas condições idênticas seriam improváveis de ocorrer por conta própria e seriam uma indicação de que os planetas foram arquitetados de propósito para criar um conjunto específico de condições.

Outra maneira de a terraformação levar às tecnoassinaturas seria flagrar aliens no ato. Por exemplo, se quiséssemos terraformar Marte, poderíamos bombear elementos químicos de efeito estufa artificial na atmosfera para esquentar o planeta. Lembre-se de que já temos um monte disso na forma de CFCs, que são muito melhores em produzir o efeito estufa do que o CO_2 e, portanto, talvez sejam o tipo de coisa que possamos ver na atmosfera de um planeta que passa por terraformação.

Infelizmente, ninguém realmente sabe se a terraformação é possível. Talvez os climas planetários não possam ser arquitetados dessa maneira. Talvez, mesmo que você consiga construir a atmosfera que quiser, ela venha a se desestabilizar e colapsar depois de cerca de um século. Mas, se sobrevivermos a nosso próprio pequeno experimento em engenharia planetária — isto é, a mudança climática —, podemos ter uma chance de responder a algumas dessas perguntas relativas a Marte. Melhor ainda: a terraformação parece uma ideia tão básica que nos leva a esperar que seja o tipo de coisa que qualquer espécie viajante poderia tentar.

* * *

Então, chegamos. Megaestruturas, poluição atmosférica, luzes da cidade, mundos cobertos de painéis solares e terraformação. Neste capítulo, percorremos uma ampla paisagem de possíveis tecnoassinaturas emanando de outros mundos imaginados. No processo, entendemos um pouco como as tecno e as bioassinaturas caminham junto com a vida, conforme transformam os planetas que esta habita.

O ponto-chave aqui é que a vida não é um coelhinho frágil que se esconde nas sombras do próprio planeta malvado. Ao contrário, ela tem fibra. Tem poder, e esse poder pode repaginar um mundo de modo tão completo que podemos ver as consequências mesmo a partir de nossa humilde morada, a Terra.

Essas não são meras ideias. Buscar tais assinaturas de vida extraterrestre é algo que podemos fazer e estamos fazendo neste momento com o Telescópio Espacial James Webb. O James Webb, no entanto, reside na camada mais próxima das habilidades de que precisamos para realmente deslanchar. Serão as máquinas em construção neste momento, como o projeto chamado Telescópio Extremamente Grande, que vão levar a luta ao próximo nível. Melhores ainda são as máquinas padrão de hoje, como o Observatório de Mundos

Habitáveis da Nasa, que será o sucessor do James Webb. Programado para ir ao espaço por volta do ano 2040, terá como prioridade a detecção de vida. A essa altura, eu já estarei velho e um pouco senil, mas estou certo de que você não, o que significa que terá um ponto de vista privilegiado assim que os dados chegarem.

Será um tremendo espetáculo.

7

OS ALIENS TAMBÉM "FAZEM"?

O que esperar quando os encontrarmos?

Este foi o primeiro capítulo que você abriu ao pegar o livro?

Não estou julgando, só perguntando…

Quero perguntar o seguinte... É claro que você quer saber como os aliens fazem sexo. Todos queremos saber. Na verdade, queremos saber como os aliens fazem *qualquer coisa que seja*. Porque tudo o que eles fazem deve ser, bem, você sabe... meio alienígena. Dada a variedade de planetas e histórias que eles devem ter, será que somos capazes de afirmar alguma coisa sobre eles que não seja inventada? Podemos usar a ciência para orientar nosso entendimento sobre a aparência dos aliens e suas atividades dentro e fora de quatro paredes?

Quando olhamos para a Terra, vemos uma variedade estonteante de formas e funções biológicas. A vida neste planeta inclui desde as amebas aos polvos até as águias-carecas e os humanos que andam com computadores no bolso. Não devíamos esperar que os mundos alienígenas sejam tão variados quanto, ou até mais? Quando olhamos para os aliens de Hollywood, também podemos ver quão limitada é nossa imaginação (ou nosso orçamento) quando se trata de retratar tamanha variedade. A maioria dos aliens dos filmes e da TV não passa de humanos com próteses coladas na testa ou nas orelhas (é em você mesmo que estou pensando, sr. Spock). Mesmo os aliens mais marcantes de Hollywood, como os da franquia *Alien*, se parecem fisicamente conosco. Então, deixando de lado as invenções — que nem sempre são tão boas assim —, vamos ver se a ciência pode guiar as expectativas que temos sobre a fisiologia e o comportamento dos aliens. A chave do sucesso exige um mergulho na interseção entre Física, Química e evolução biológica.

Então, vamos começar pela Química e perguntar o que torna o carbono uma coisa tão especial.

Além da vida baseada em carbono?

A molécula do amor

"E quanto à vida não baseada em carbono?"

Essa é uma das perguntas que mais recebo quando dou uma palestra sobre Astrobiologia. É uma pergunta excelente, e sempre fico empolgado para falar sobre ela. Acontece que os astrônomos e os biólogos vêm refletindo há gerações sobre os átomos que a vida escolhe para ser seu bloquinho de construção. Embora haja alternativas interessantes, também há uma razão muito boa para que você e eu e todos os outros seres vivos da Terra sejamos feitos de carbono. Esse motivo também depõe a favor de um universo cheio de aliens baseados em carbono.

Tudo se resume a um simples fato: o carbono gosta muito de se aglomerar. Bem, não estou dizendo que ele não tem amor-próprio. Ele não se gruda a qualquer um, como, digamos, o flúor (e é por isso que o flúor representa um perigo corrosivo). O que torna o carbono tão único é sua capacidade de formar ligações estáveis e flexíveis com elementos-chave, como o oxigênio, o nitrogênio, o fósforo, o enxofre e até consigo mesmo. Vínculos fortes e flexíveis fazem do carbono o candidato perfeito para a construção de uma bioquímica.

Para que um elemento químico seja uma boa base para a vida, ele deve combinar-se com facilidade e da maneira certa com outros átomos (fazer ligações). Qualquer forma de bioquímica implica um grande punhado de reações rápidas capazes de construir uma ampla variedade de moléculas complexas. Essas moléculas também precisam ser modulares, para que possam trocar pedaços com as grandes máquinas moleculares que fazem todo tipo de coisa, desde formar tecido muscular até auxiliar no armazenamento de informação.

O carbono tem tudo isso de sobra. Mesmo assim, para entender o que o torna tão poderoso como uma base para a vida e ver quais alternativas há por aí, é preciso olhar para a tabela periódica. Desculpe.

Como muita gente, eu sempre detestei Química. Toda aquela decoreba e aquele equilíbrio de elétrons nas fórmulas... Reprovei em Química geral no colégio e precisei estudar de novo. No entanto, ao longo dos anos, conforme minha pesquisa em Física se transformava numa pesquisa em exoplanetas e Astrobiologia, passei a ver a Química como o belo e potente milagre da natureza que ela de fato é. Nada ilustra essa beleza e esse poder tão bem quanto a tabela periódica. Todas aquelas linhas e colunas arrumadinhas estão lá para nos contar um maravilhoso segredo: a ordem secreta da natureza. As colunas, com suas cores diferentes, e as linhas, com lacunas que lembram um sorriso ao qual faltam alguns dentes... O que ela está querendo nos dizer?

A estrutura da tabela periódica espelha a arquitetura dos elementos que compõem o mundo material. Mais importante: essa ordem se aplica ao *universo inteiro*. Não interessa para onde olhamos, seja da distância que for, sempre encontraremos os mesmos elementos com as mesmas propriedades. Podemos afirmar isso porque encontramos em galáxias distantes as mesmas assinaturas de luz elementar encontradas em laboratórios terrestres. A tabela periódica dos elementos é, de fato, universal.

Essas propriedades universais dos elementos universais nos dizem muito sobre o tipo de bioquímica que a vida alienígena é capaz de construir. Por exemplo, na coluna mais à direita da tabela periódica, você encontra os *gases nobres*, como hélio, neônio e argônio. Eles raramente se ligam a outros elementos. Eles não se misturam com a ralé. Por que os gases nobres não se ligam facilmente a outros elementos? Por causa da organização de seus elétrons exteriores, que orbitam seu núcleo. Esses elétrons mantêm a nobreza dos gases nobres. Sem entrar em mais detalhes, a localização dos elétrons de um átomo em relação a seu núcleo diz muito sobre suas tendências químicas. É por isso que você pode ir logo esquecendo de tentar encontrar vida baseada em kryptonita.

Agora vamos olhar para a coluna da família do carbono. A promiscuidade, a flexibilidade e a resiliência que tornam o carbono tão útil para a vida se devem aos pareamentos químicos possibilitados por quatro elétrons exteriores, todos no lugar certo para facilitar ligações químicas. Todos os outros elementos dessa coluna da tabela também contêm quatro elétrons no lugar certo (em termos de estrutura atômica). Logo abaixo do carbono vem o silício. É por isso que o silício é sempre citado como exemplo de vida não baseada em carbono. Já que o silício tem uma organização de elétrons como a do carbono, ele também seria capaz de formar tipos parecidos de ligações químicas com outros elementos (incluindo a si próprio). No entanto, a tabela periódica também nos mostra por que o silício apresenta alguns desafios no que tange à formação de vida.

Um dos problemas do silício é que ele não é tão amigável quanto o carbono. Mesmo que tenha os quatro elétrons para fazer ligações, trata-se de um átomo maior e mais pesado. Isso significa que ele pode fazer ligações com menos elementos. Quanto mais você desce nessa coluna da tabela, mais difícil fica a ligação. Os tipos relativamente limitados de pareamento à disposição do silício se traduzem em limitações aos tipos de máquinas moleculares que ele é capaz de produzir. E isso é importante quando o assunto é a construção de *polímeros*, aquelas longas cadeias de átomos que vimos no capítulo 5. Os polímeros de carbono fazem todo tipo de coisa maluca, como dobrar sobre si mesmos para formar enormes bolas de fios. Os formatos específicos que essas bolas de polímeros assumem dão a proteínas específicas suas funções específicas. Por exemplo, a proteína chamada hemoglobina transporta oxigênio pelo sangue dentro de você com uma eficiência que só é possível por causa do jeito esquisito, mas muito exato, como ela se dobra sobre si mesma. Essa "dobradura" só é possível graças às ligações de carbono na molécula dos polímeros da hemoglobina. O silício não pode ser usado para formar esse tipo de cadeia longa e flexível porque suas ligações são mais frágeis.

Além disso, o silício não sabe nadar muito bem. Os compostos de carbono põem boa parte de seus ginastas bioquímicos para flutuar na água. Já a química do silício é instável em ambientes aquosos. Os compostos feitos de silício tendem a simplesmente se desfazer quando imersos em água; seus pareamentos se dão principalmente na forma sólida (isto é, cristais). Se toda a bioquímica do silício tivesse que existir em formas sólidas, e não líquidas, isso limitaria bastante o seu alcance. Imagine a dificuldade que isso representaria nos processos de descarte de resíduos — respirar, fazer xixi e cocô. Numa criatura baseada em silício, todas essas atividades seriam rígidas e necessitariam de muito mais energia. Animais de silício literalmente respirariam areia e defecariam tijolos.

Isso não quer dizer que a vida não poderia ser formada a partir do silício. Talvez a vida baseada em silício só possa se formar em ambientes frios, onde o ritmo da bioquímica seria muito mais lento. Talvez ela exista em lugares como Titã, a maior lua de Saturno, onde a temperatura média paira por volta de 180 °C negativos. Quem sabe Titã seja habitada por enormes — e lerdíssimas — criaturas que mais se parecem com rochas vivas do que com monstros de olhos esbugalhados. A série original de *Star Trek* tem um episódio ótimo chamado "The Devil in the Dark" com aliens assim.

Há ideias ainda mais radicais circulando por aí. No famoso romance de ficção científica *A nuvem negra*, o astrônomo Fred Hoyle imagina uma nuvem de gás interestelar que não só está viva como possui consciência. As correntes elétricas que perpassam a nuvem formam a base de seu sistema nervoso. É uma ideia realmente divertida, mas é difícil entender como a evolução teria levado ao surgimento de uma nuvem sensível.

Considerando tudo isso, precisamos ser humildes quando o assunto é vida não baseada em carbono. A natureza é muito mais criativa do que nós, humanos, principalmente, no que diz respeito à formação de vida e aos lugares onde ela se dá. Por outro lado, não podemos ser assim tão humildes. As regras da Química são do universo, não nossas. Essas regras, encarnadas na tabela periódica que nos fazia dormir durante o Ensino Médio, é que mandam. A vida alienígena definitivamente pode ser estranha, mas talvez não seja mais estranha do que somos capazes de imaginar.

Falando sobre ervas daninhas ou florestas suspensas

Como é a aparência de um alien?

Vimos que a Química nos diz que a melhor aposta é que os aliens serão baseados em carbono, como nós. Mas qual será a aparência deles? Será que têm pernas? Asas? Será que têm orelhas pontudas e antenas saindo da testa? Será que têm cabeça, para começo de conversa? Ou será que se parecem com arbustos ambulantes ou coisa ainda pior? Para responder a essas perguntas, passamos da Física e da Química para a elegante lógica da evolução.

Costuma-se dizer que a Biologia seria inútil sem a teoria da evolução desenvolvida por Charles Darwin em 1859 (embora ele tenha começado a formulá-la em 1838). A evolução darwiniana pode ser resumida em duas expressões básicas. A primeira é: *descendência com modificação*. Sistemas vivos se reproduzem passando suas características para a prole. Filhotes de passarinhos ganham asas. Filhos de peixe ganham guelras. Isso é o que quer dizer "descendência". Às vezes, porém, a cópia envolvida no processo reprodutivo acaba ficando bagunçada. Por exemplo, um bebê corvo pode nascer com um bico muito mais comprido ou mais curto do que o de seus pais. Isso é o que quer dizer "modificação".

Depois vem algo que, sem dúvida, você já ouviu por aí: *sobrevivência do mais apto*. Significa simplesmente que, à medida que os ambientes se alteram, os organismos mais bem adaptados às alterações são aqueles que conseguem se reproduzir. Se bicos mais compridos são mais úteis nesse novo ambiente, então os corvos de bico comprido predominam. Algumas gerações depois, você só verá corvos de bico comprido. Os de bico curto serão suplantados geração após geração, até por fim desaparecerem.

Isso é a evolução explicada a um leigo. Mas será que ela vale para os aliens?

É difícil imaginar vida, seja qual for, que não se reproduza nem responda ao meio ambiente. Essas duas características fazem parte de quase todas as definições a que as pessoas já chegaram sobre os organismos vivos. Isso também significa que é difícil imaginar qualquer forma de vida que não envolva a evolução darwiniana. Se você é mais bem adaptado ao ambiente, reproduz-se com mais frequência. Se você se reproduz com mais frequência, sua linhagem continua, e você ganha o jogo da vida. No fim das contas, parece que a lógica da evolução darwiniana deve ser aplicada a toda vida como fenômeno universal. Onde quer que haja vida no universo, será moldada pela descendência com modificação e pela sobrevivência do mais apto. Em outras palavras, Darwin rege os aliens.

Agora podemos tentar combinar as leis universais da evolução com as leis universais da Física e as leis universais da Química. Faremos isso começando por algo com que todos concordamos: as coisas (isto é, matéria).

Os planetas alienígenas devem ser formados por coisas. Precisam ser formados por coisas porque tudo no universo é formado por coisas. A matéria — junto com fluxos de energia entre pedaços de matéria — é o bloquinho de construção básico do universo físico. Graças às leis da Física e da Química, sabemos que as coisas só se dividem em poucos estados básicos: sólido, líquido e gasoso. Vamos também pressupor, com bastante razão, que é preciso encontrar energia para permanecer vivo caso se queira continuar vivendo — ou seja, é preciso comer outras coisas. Isso nos dá um problema básico em nossa tentativa de imaginar quais formas podem ter os corpos dos aliens. Da perspectiva da Física, da Química e da evolução, o jeito como os aliens encontram alimento depende de como eles vivem: em estado sólido, líquido ou gasoso.

Primeiro, vamos investigar o estado gasoso.

Digamos que você quer se mover por um planeta quase inteiro formado por gases, tipo uma super-Terra dotada de uma atmosfera imensa. A primeira coisa de que irá precisar é um meio de anular a gravidade para que não sucumba às escuras e desagradáveis profundezas planetárias. A física dos gases admite apenas algumas maneiras de tornar isso possível. Você poderia flutuar. Poderia lançar jatos de gás para baixo a fim de manter sua altitude. Poderia ainda arranjar um jeito de fazer o ar se mover sobre uma superfície curva. Essa última opção soa familiar, e por ora focaremos nela.

Quando o ar flui sobre uma superfície curva, a pressão na base é maior do que no topo. Esse desequilíbrio de pressão empurra a superfície para cima, fornecendo uma suspensão contra a gravidade. Isso pode parecer meio abstrato, mas estamos descrevendo justamente as *asas*, que são uma solução para o problema de como se movimentar em meio a uma atmosfera. Na Terra, o processo evolutivo resolveu esse problema — inúmeras vezes — com asas. Insetos têm asas. Aves têm asas. Morcegos têm asas. Aliás, as asas evoluíram em linhagens diferentes quatro vezes nos últimos 500 milhões de anos. A evolução se aproveitou da física dos gases descobrindo superfícies curvas onde voar.

O surgimento frequente e independente das asas é um exemplo do que os cientistas chamam de evolução *convergente*, que é muito importante para a questão alienígena. A evolução convergente ocorre porque o mundo físico impõe restrições à vida, levando-a a encontrar a mesma solução para o mesmo problema sempre que este surge. Há muitos exemplos desse princípio na história de bilhões de anos da Terra. Já falamos sobre asas, mas também há vários tipos de olhos, que usam lentes produzidas biologicamente, e de corpos aerodinâmicos, como o do golfinho (um mamífero) e do tubarão (um peixe).

A evolução convergente nos diz que não devemos ficar surpresos se encontrarmos vida com asas em planetas dotados de atmosfera. Isso é bem legal. No entanto, o princípio da convergência *não* nos diz qual seria a aparência dessas asas, ou de que maneira seriam estruturadas biologicamente. Talvez elas não sejam feitas de penas ou pele, mas lembrem mais uma película de sabão na forma de uma grossa camada de mucosa presa numa armação de fibra (acabei de inventar isso). Os detalhes serão diferentes de mundo para mundo, mas, já que os fluxos de fluido são capazes de gerar a suspensão da gravidade, algum tipo de asa estará no cardápio evolutivo dos planetas.

No entanto, não podemos nos lançar de cara nessa abordagem física, química e evolutiva. Não dá para declarar "asas para todos!" e parar por aí. Os astrobiólogos também precisam refletir muito sobre a maneira como os planetas — e sua física — podem limitar as opções. Por exemplo, imagine uma super-Terra similar ao nosso mundo, mas com um volume maior. Poderíamos ingenuamente esperar que esse tipo de planeta fosse habitado por criaturas espessas e robustas. Elas seriam capazes de suportar altas gravidades, como barulhentos megaelefantes marchando pela paisagem. No entanto, a evolução pode usar a alta gravidade desse planeta de maneira completamente diferente. A atmosfera de um planeta similar à Terra, embora com volume maior, seria muito mais densa do que a nossa, já que seus átomos seriam impelidos com mais força na direção da superfície. A física dos gases nos mostra que é muito mais fácil gerar suspensão da gravidade em atmosferas densas. Você nem mesmo teria que bater as asas. Seria mais uma natação do que uma flutuação, de modo que a vida, nessa super-Terra, nem precisaria de solo. A evolução se aproveitaria dessas condições facilitadas para o voo a fim de criar uma biosfera inteiramente formada por criaturas que pousam apenas uma ou duas vezes ao longo da vida, talvez para procriar.*

A evolução convergente também não consegue nos dizer qual trajetória a evolução descreveria para determinado conjunto de condições planetárias. Em um mundo gasoso, encontraríamos criaturas aladas, organismos similares a balões ou animais que pairam sobre o solo usando jetpacks? E quanto às soluções que nunca foram usadas na Terra? A física de interfaces entre diferentes fases físicas é fascinante. Para ir de uma interface sólida para um líquido, como o fundo do oceano, ou de uma sólida para uma gasosa, como a terra e a atmosfera, parece uma boa ideia ter pernas, ou algo parecido. A evolução na Terra resolveu, inúmeras vezes, o problema da locomoção nas interfaces com palitos móveis e articulados (pernas). Embora o número de pernas varie de duas (humanos) a centenas (centopeias), ao fim e ao cabo elas são apenas pernas. Ponto para a evolução convergente.

E quanto a rodas? Nenhuma linhagem evolutiva sobre a Terra escolheu as rodas como método de navegação nas interfaces. Por que será? Talvez seja impossível criar uma roda em um eixo via moléculas biológicas. Mesmo que você fosse capaz de criar essas coisas, talvez fosse impossível criar uma correia para fazê-las se movimentar. Não parece existir uma razão física ou química para que a evolução não possa resolver esse problema com rodas, mas, na Terra, ela não as escolheu.

---

* Essa é a premissa do segundo episódio do ótimo documentário *A vida em outros planetas*, da Netflix. Você precisa assistir. Participei do episódio sobre civilizações, e me levaram até os portões da Área 51. Ninguém atirou em mim.

Isso tudo nos diz que, embora a evolução convergente seja uma ideia poderosa e passível de ser aplicada aos aliens, devemos *sempre* ter em mente que a natureza é mais inventiva do que nós. Quando a vida for confrontada com um planeta que abriga condições diferentes das da Terra, devemos esperar que a evolução darwiniana se aproveite da Física para resolver seus problemas básicos. Mas também devemos esperar que não somos espertos o bastante para saber exatamente como o problema é resolvido.

No entanto, há outro lado da evolução que opera na direção contrária; ele atende pelo nome de *contingência*. Basicamente, estamos falando aqui de acidentes. A evolução funciona via mutações aleatórias, portanto é "cega" — não tem cartas na manga. Pelo contrário, ela se apoia em dois tipos diferentes de acidente que ocorrem repetidamente.

O primeiro tipo de acidente são as mutações aleatórias que surgem em proles aleatórias. Um exemplo disso seria algum bebê klingon aleatório que tivesse nascido com uma mutação aleatória em seu código genético, manifestada como uma crista ossuda em sua testa. O segundo tipo de acidente é a adaptação entre as mutações e o ambiente. Se a mutação ocorre para tornar uma criança klingon mais apta para sobreviver em um ambiente em constante mudança, então a criança e a mutação sobrevivem. Talvez o planeta Kronos (para quem não é nerd, é a terra natal dos klingons) de repente se veja envolvido pelas nuvens negras de um impacto de asteroide, e a crista na testa do bebê tenha neurônios que lhe permitam enxergar bem no escuro. Agora ela está mais apta a sobreviver.

É claro que, se a mutação não torna a criança mais apta, pode ser o fim da linha — para a mutação. Uma vez que o próximo acidente se constrói sobre o último, os detalhes específicos de uma espécie, como o formato de seu corpo, são contingentes. Todos os acidentes devem acontecer na exata ordem em que aconteceram, ou as coisas teriam resultado de outra maneira.

Estamos falando sobre um montão de acidentes. A evolução opera em escalas de tempo na ordem de milhões, dezenas de milhões, ou mesmo centenas de milhões de anos. Já que a maioria dos organismos individuais na Terra vive menos de cem anos, há um número assombroso de gerações, de mutações acidentais e de alterações acidentais no ambiente para a evolução poder acontecer.

A contingência era uma preocupação do grande biólogo evolutivo Stephen Jay Gould. Em seu livro *Vida maravilhosa: o acaso na evolução e a natureza da história*, ele descreve todas as criaturas fossilizadas que já não estão mais entre nós, embora representem os ancestrais de toda vida que *temos* à nossa volta. Então, chega à conclusão de que, se a história da Terra fosse rebobinada e começasse de novo, tudo teria resultado de outro modo. Outros acidentes — uma pedra que rolasse de um penhasco no momento exato 1 bilhão de anos atrás, um trovão que matasse um dinossauro mutante em outro momento 100 milhões de anos atrás — teriam conduzido a evolução a direções totalmente diferentes. Nessa Terra alternativa, não haveria ursos, baleias, abelhas ou humanos. Ainda haveria muita vida, mas não seria a vida que nos é familiar.

No entanto, para o biólogo evolutivo Simon Conway Morris, há apenas alguns tipos específicos de pressões evolutivas que o ambiente pode exercer sobre os organismos (gravidade, resistência, calor, frio), e eles sempre conduzem a evolução à mesma direção. Morris assume o ponto de vista oposto ao de Gould e chegou mesmo a alegar que o formato do corpo humano se repete em outros planetas. Segundo ele, podemos esperar encontrar criaturas que se pareçam conosco. Vale notar que Morris certamente é minoria entre os biólogos que tratam do assunto. Entretanto, o mais legal desse debate todo é que recentemente talvez tenha surgido uma maneira de encerrá-lo, por meio de experimentos.

Desde 1988, uma equipe de biólogos da Universidade de Michigan vem rastreando a evolução, geração após geração, de uma espécie de bactéria chamada *Escherichia coli*.[1] Eles enchem frascos com essas bactérias e os mantêm alimentados e felizes. Os microrganismos se reproduzem, criando gerações após gerações. Vez ou outra, a equipe remove algumas das criaturas e as congela. Isso basicamente preserva um retrato de sua trajetória evolucionária. As populações de bactérias descongeladas continuam levando suas vidas bacterianas. Elas prosseguem se reproduzindo, e, nesse processo, evoluem novas características. Uma das coisas que os cientistas da Universidade de

Michigan averiguaram foi que a bactéria evolui para tamanhos de célula muito maiores.

Em algum momento, surgem populações distintas, ou seja, surge tanto uma linhagem de bactérias com células pequenas como uma linhagem diferente de bactérias com células grandes. Assim que ocorre essa divergência evolutiva, os pesquisadores conseguem descongelar os ancestrais (em termos bacterianos) e apertam o play da vida de novo. Se os ancestrais vêm a produzir uma prole com a mesma divergência evolutiva, a vitória é da evolução convergente. Senão, a contingência é quem rege. Após observar mais de 60 mil gerações de *Escherichia coli* evoluindo, o ônus da prova, até agora, parece recair a favor da contingência. Os acidentes importam mais do que a convergência nas especificidades de como as criaturas evoluem.

Caso isso seja verdade, então somos de fato os únicos seres humanos no universo. Em nenhum outro mundo esperaríamos que todos os zilhões de acidentes — de microrganismos a criaturas multicelulares simples até animais com vários órgãos — acontecessem exatamente da mesma maneira. Em nenhum outro mundo a evolução teria conduzido a humanos alienígenas ou até mesmo humanoides.

Essa batalha entre convergência e contingência nos mostra que precisamos estar preparados para surpresas. O que, finalmente, nos leva de volta ao sexo dos aliens.

O sexo é uma ótima ideia. Digo, não para você pessoalmente, mas para toda vida, em geral. Ao misturar informação genética de indivíduos diferentes, a vida aumenta drasticamente sua capacidade de produzir combinações de traços capazes de resistir a circunstâncias diversas. Será que a evolução, em outros mundos, também descobriu o sexo, em vez de ter apenas criaturas clonando a si mesmas para todo o sempre? A evolução convergente argumentaria que a estratégia é boa demais para que *não* surja em outros mundos, como surgiu na Terra. No entanto, isso não significa que um futuro capitão Kirk — da série original de *Star Trek* — ou uma capitã Janeway — da série *Voyager* — seria capaz de gerar descendência com um parceiro alienígena.

Biologicamente, o sexo é definido, invariavelmente, como a troca de genes entre diferentes indivíduos. Há tantas maneiras de isso acontecer que os princípios da evolução convergente talvez não sejam de muita ajuda. As bactérias possuem sua versão de sexo, que envolve o que é chamado de transferência genética horizontal, no qual os microrganismos borrifam no espaço à sua volta os genes que eles "querem" que os outros herdem.* Não soa particularmente romântico — a não ser que você seja uma bactéria, é claro. Portanto, por mais que faça sentido haver sexo entre os aliens, sua forma ainda não passa de um palpite.

Mentes alienígenas

É possível conversar com um ET?

Somos os corações solitários do cosmos. Desde que o *Homo sapiens* evoluiu cerca de 300 mil anos atrás, só tivemos uns aos outros para conversar. Só Deus sabe que não há muito que conversar com uma planta (certo, alguns dizem que há). E, embora alguns animais pareçam falar uns com os outros, eles não podem, nem irão conversar conosco. Acredito saber o que meu cachorro está pensando, mas, apesar dos meus esforços, ele não me diz uma palavra.

Se ao menos tivéssemos outra espécie inteligente com a qual trocar ideias! O que alguém (ou algo) poderia nos ensinar mesmo que não compartilhasse de nossa bagagem evolutiva e histórica? Talvez possa nos dar sua opinião sobre as grandes perguntas da filosofia. Talvez possa nos dizer se acredita em Deus ou não. Qualquer coisa que pudesse ser dita sobre o fato de *não ser como* nós seria revolucionário. Esse sonho da comunicação interestelar entre espécies esteve presente em muitos dos primeiros esforços da SETI, e ainda abastece muito do entusiasmo pelos UFOs. Infelizmente, também se trata de um sonho que ignora uma questão central sobre os aliens.

Será que a mente deles se parece ao menos um pouco com a nossa?

* Na verdade, é muito mais complicado do que um mero "borrifo". Genes das bactérias mortas podem ser pegos por outras, ou os genes podem ser transferidos diretamente por meio da ligação entre células, ou podem ser enviados de uma para outra.

Questionar a mente alienígena nos leva a perguntas importantes sobre a mente em geral. Todos concordamos que os humanos são seres autoconscientes, mas não temos total certeza de quão autoconscientes são os outros animais. E o que de fato significa ter uma consciência (com ou sem um *eu*)? Para alguns cientistas e filósofos, somos basicamente computadores feitos de carne. Para eles, nosso cérebro tem o circuito neural apropriado para gerar a *sensação* de ter uma consciência, e fim da história. De acordo com esse ponto de vista, se eu conhecesse todas as conexões que existem no seu cérebro e pudesse recriá-las em um computador, eu basicamente poderia recriar *você* em um computador. No entanto, para outras pessoas inteligentes que pensam o assunto, essa ideia não passa de *wishful thinking*. Segundo elas, a mente é muito mais do que um hardware e um software neurais. Em vez disso, seriam sempre "encarnadas". Elas não ficariam só passeando por nossa cabeça, mas seriam como ecossistemas que exigem a experiência viva de *estar num corpo* que, em si mesmo, é parte de uma comunidade de seres vivos.

São duas perspectivas bem diferentes, e levam a duas opiniões bem diferentes sobre a mente alienígena.

Se os cérebros não são nada mais que máquinas computacionais, então tudo o que importa são as regras matemáticas de computação. Contanto que essas regras sejam as mesmas para nós e para uma espécie alienígena que evoluiu em algum exoplaneta, seríamos capazes de compreender uns aos outros. Nós dois viveríamos em um mesmo tipo de mundo, moldado pelas leis universais da Física, elas mesmas expressas nas regras universais da Matemática. Se esse é o caso, as perguntas sobre a mente alienígena se tornam perguntas sobre a matemática alienígena. Será que as leis matemáticas que os humanos usam são as mesmas dos aliens? Em outras palavras, a matemática é universal?

Carl Sagan, entre outros, esperava que esse fosse o caso. Sagan sempre acreditou que, se encontrássemos uma espécie alienígena, aprenderíamos a nos comunicar com ela por meio das relações básicas da matemática: 1 + 1 = 2, 2 + 2 = 4, e assim por diante. Ao final, cada espécie decodificaria os dizeres mais complicados uma da outra. Aqui, "complicados" quer dizer algo como "a circunferência de um círculo é duas vezes seu raio multiplicado por pi". Já que pi é igual a 3,14159... para nós, deve ser igual a 3,14159... para eles também. Assim que entendêssemos tudo isso juntos, estaríamos a caminho de decifrar o resto da linguagem um do outro. Seria questão de tempo até trocarmos piadas sujas e a cura do câncer.

Porém, uma história como essa só funciona se a Matemática for mesmo universal. Ela exige que a Matemática seja algo que nossas mentes *descubram*, que já seja fato consumado no mundo. Para muitos cientistas e filósofos, no entanto, a Matemática não é algo que a gente descobre. É algo que a gente inventa. Nós a forjamos, mas ainda assim ela é incrivelmente útil. Esse modo de pensar a Matemática com frequência vê seu sucesso em descrever o mundo como algo enraizado em nossa experiência de viver num tipo de corpo. É uma língua, feito o inglês, o espanhol ou o chinês. Como todas as nossas linguagens, a Matemática é algo unicamente humano, e, por isso, essa opinião tem grandes implicações para entender os aliens. Criaturas não humanas que não tenham corpos como o nosso teriam experiências diferentes. Isso levaria a uma mente diferente e a uma Matemática diferente.

Imagine criaturas que não tenham mãos nem dedos. Talvez elas sejam bolhas protoplasmáticas inteligentes, como amebas gigantes. Se precisassem pegar alguma coisa, esticariam um tendão de seu corpo bolhoso e então o retrairiam. Será que esses aliens teriam ao menos um conceito de números discretos? Teriam números integrais, como 1, 2, 3 etc.? Talvez eles não "vissem" o mundo como objetos discretos a serem contados, como nós fazemos com nossas duas mãos dotadas de cinco dedos cada uma. A Matemática deles pode não se parecer em nada com as coisas a que estamos acostumados ou que somos mesmo capazes de entender.

Vou dar um exemplo que alguém já pensou antes. Um dos meus filmes favoritos sobre contato alienígena, *A chegada*, explora essa possibilidade, levando-a ao extremo. Depois de aliens gigantes dotados de sete pernas chegarem em gigantes espaçonaves que pairam no ar, os humanos enviam um físico e uma linguista para estabelecer comunicação. O físico, um personagem meio Carl Sagan, tenta usar a Matemática para se comunicar. Ele imediata e redondamente fracassa.

A linguista, que entende como as línguas surgem da experiência encarnada, se sai melhor, mas apenas após perceber que os aliens vivem o tempo de forma totalmente diferente da nossa. Os *heptapods*, como acabam sendo chamados, vivem o passado, o presente e o futuro simultaneamente. Encarnada neles há uma Física de todo diferente, e essa diferença se reflete em sua linguagem. É uma ideia de arrepiar. Talvez o verdadeiro "livro da Física" seja muito maior do que nós, humanos, pensamos conhecer. Talvez as espécies alienígenas consigam acessar capítulos que nós não conseguimos. Em certa medida, isso significaria que nós e os aliens estamos vivendo em mundos diferentes.

Há mais uma possibilidade, que é meio aterrorizante, então deixei por último porque não queria assustar você. (De nada.) Talvez a consciência dos aliens não seja, nem de longe, uma consciência. A maioria das histórias de ficção científica nos faz crer que os aliens são criaturas que refletem sobre si mesmas. Podemos estar vivendo diferentes versões do universo, mas ao menos estamos ambos *vivenciando* algo. E se houver aliens dotados de inteligência, mas não de consciência? Por exemplo, imagine que uma raça alienígena cria máquinas que logo superam seus criadores. As máquinas se tornam vivas, na essência. São altamente inteligentes e podem resolver os problemas da reprodução e da descoberta de energia, com rapidez e eficácia. Elas se espalham pelo universo em potentes espaçonaves, devorando um sistema solar após outro para satisfazer sua necessidade. Contudo, mesmo fazendo tudo isso, elas não são autoconscientes. Não têm a capacidade de refletir sobre o que estão fazendo, porque não há "iluminação" dentro delas. Em sua mente, não há uma dimensão interior. Em termos filosóficos, podemos nos perguntar como é ser um morcego, um cavalo ou um golfinho, mas não podemos perguntar como ser um deles se parece. Não se parece com nada, porque eles não vivenciam nada.

Não é necessário que esses tipos de aliens sejam máquinas. Talvez a evolução biológica possa produzir vidas muito inteligentes, mas não conscientes. Nós *jamais* poderíamos conversar com criaturas como essas. Simplesmente não tem ninguém *lá dentro* com quem conversar. Se estivessem determinados a engolir a Terra para pegar seus recursos, não haveria ninguém com quem pudéssemos negociar. Seriam só cascas vazias cumprindo tarefas.

As possibilidades das mentes alienígenas cobrem esse amplo espectro que acabo de descrever. São as versões esperançosas e familiares de mentes alienígenas, com as quais nos divertimos no refeitório de *Star Wars* e compartilhamos histórias de nossas aventuras no planeta Altair IV. Também existe a estranha e fascinante versão em que nenhum dos dois compreende o outro por completo, mas identifica-o como camarada do vasto cosmos. Por fim, há a versão "Corra!", que trata simplesmente de não se deixar engolir por entidades inconscientes tão insensíveis. Seriam essas as possibilidades — todas as maneiras como os aliens poderiam ser tão diferentes entre si — que fariam *contato*, caso aconteça, no evento mais revolucionário da história humana.

Ética alienígena

Devemos nos esconder ou pedir socorro?

Quando a espaçonave alienígena pousou, houve pânico. No entanto, logo ficou claro que estavam aqui para ajudar. Os aliens nos mostraram como curar o câncer e acabar com a guerra. Seu objetivo, disseram, era nos fazer florescer. Tudo o que eles queriam era "servir ao homem", que era inclusive o título de um livro que eles carregavam com eles para toda parte. Quando os aliens nos ofereceram a chance de visitar seu mundo natal, milhares de pessoas aceitaram a oportunidade. Uma das amplas espaçonaves foi preparada para a viagem. Então, assim que a porta da abarrotada espaçonave estava se fechando atrás dos passageiros humanos, chegou a notícia de que uma parte do livro alienígena *To Serve Man* [Servir ao homem] tinha finalmente sido traduzida, e não só o seu título.

Enquanto um dos amigos do tradutor está pisando a soleira da porta, ele chega esbaforido e grita: "É um livro de culinária!".

Essa versão de contato foi tirada do clássico conto de Damon Knight que se transformou no melhor episódio de *Twilight Zone*. O que torna o enredo tão eficiente é o modo como revela os polos opostos de nosso pensamento sobre a ética dos aliens. Por outro lado, muitas pessoas supõem que qualquer espécie tecnologicamente avançada o suficiente para viajar entre as estrelas também deve ser eticamente avançada. A guerra e a predação seriam horrores que eles deixaram para trás em seu longo passado evolutivo, ao contrário de nós. Eles podem até mesmo ser tão evoluídos e tão avançados que pareçam seres angelicais, feitos de pura bondade e luz. Por outro lado, há também quem suponha que seja "assim na terra como céu": por que os piores traços de nossa espécie não seriam os vencedores em uma escala cósmica, como é frequente acontecer aqui na Terra? Talvez lá entre as estrelas não haja nada além de lobos ferozes.

Tentar responder a essa pergunta usando outra coisa que não as narrativas ficcionais é uma coisa difícil. Embora sejamos capazes de usar os princípios da evolução convergente de Darwin para deduzir alguma coisa sobre a biologia dos aliens, compreender qual ética guia o comportamento deles nos leva ainda mais fundo nas questões sobre a mente alienígena e a sociedade alienígena do que antes.

Uma pista, tirada da vida como a conhecemos, é o equilíbrio entre espécies que evoluíram de predadores e espécies que começaram como presas. Na Terra, muitas das espécies a apresentar os graus mais altos de inteligência são caçadoras. Faz sentido: a batalha evolutiva pela sobrevivência favorece caçadores que consigam antecipar o comportamento futuro de sua presa. Um leão que frequentemente erra a direção do salto da gazela não será o rei da selva por muito tempo. Não obstante, a inteligência como caçadora não é o bastante. Evoluir para uma civilização tecnológica também exige cooperação em larga escala. Esse fato pode significar que apenas espécies predadoras *sociais* conseguem viajar pelas passarelas estelares.

O fato de que os predadores possam ser o molde evolutivo para espécies viajantes soa como uma má notícia para nós, pois podemos virar o lanchinho de alguém. No entanto, a história da Terra fica complicada quando olhamos para a espécie principalmente na qualidade de seres humanos. Por um lado, há os chimpanzés da savana (*Pan troglodytes*), um bando bem violento. Tribos de chimpanzés saem com frequência para guerrear umas com as outras. Eles matam membros das outras tribos (incluindo seus bebês), e dentro de uma tribo o macho alfa tende a dominar por intimidação e pela ameaça de violência. Daí, temos os bonobos. São os chimpanzés da floresta

(*Pan paniscus*), evolutivamente tão próximos de nós como os chimpanzés da savana. Os bonobos são matriarcais e muito mais pacíficos. Tendem a usar o sexo como um jeito de apaziguar disputas, e quase nunca recorrem à violência uns contra os outros. Não sei você, mas eu preferiria muito mais andar pelas árvores com os bonobos!

Ao considerar essas diferenças entre nossos primos evolutivos, também precisamos levar em conta que os chimpanzés evoluíram onde a comida era muito escassa. Em seus ambientes naturais de origem, eles eram famintos e infelizes — como um amigo antropólogo me descreveu. Por outro lado, os bonobos surgiram em partes da África onde havia comida em abundância. Levavam uma vida relativamente fácil. Essa diferença pode explicar muita coisa sobre o comportamento social deles e talvez prefigure o que acontece com as civilizações alienígenas. A possibilidade de encontrarmos bonobos hippies ou chimpanzés fascistas dependerá dos detalhes oferecidos pelo ambiente de seus planetas.

No entanto, falar sobre a ética alienígena nos leva a outra direção, centrada em nosso próprio comportamento. Em 1974, Frank Drake apontou o gigante radiotelescópio Arecibo em M13, um aglomerado de estrelas nas franjas da Via Láctea. Ele emitiu uma mensagem para anunciar nossa existência à galáxia. A mensagem, se os aliens conseguissem decodificar, dava uma vaga ideia de onde nós, humanos, vivemos, e fornecia até mesmo alguns detalhes de nossa aparência. Isso foi revolucionário e, ao mesmo tempo, controverso. A versão da SETI que Drake criou tratava de ficar passivamente à escuta de sinais alienígenas. Quando ele levou a SETI a um novo patamar, sua tentativa de enviar uma *mensagem a inteligências extraterrestres* (também conhecida como METI, nos Estados Unidos) significava ativamente dizer a eles que estamos aqui. Depois da primeira transmissão de Drake, houve quem emitisse transmissões de alta intensidade direto para locais determinados do cosmos. No entanto, a ética desse ato foi duramente criticada.

A crítica anti-METI assume duas formas diferentes. A primeira pode ser cunhada de: "Quem fala em nome da Terra?". Dadas as incertezas envolvendo as civilizações alienígenas, por que apenas uns poucos astrônomos com acesso a radiotelescópios é que podem decidir quando e como nos anunciamos? O processo não teria que ser decidido pela comunidade global? A segunda forma de crítica foca exclusivamente as consequências da METI. O físico Stephen Hawking fez questão de avisar que nossa própria história mostra que o contato entre civilizações com diferentes níveis de tecnologia não costuma ser muito favorável àquele que detém a tecnologia menos agressiva. Sem dúvida é muito melhor continuar *low profile*. Essa é a moral da história da sensacional franquia de ficção científica *O problema dos três corpos*, de Cixin Liu. Nos três livros da série, Liu explora a hipótese da floresta escura, que afirma que o motivo pelo qual ainda não encontramos nenhum sinal de civilizações alienígenas é porque elas estão escondidas. Como animais em uma floresta escura, eles sabem muito bem que não devem fazer barulho e acusar sua localização.

Há um contra-argumento aos haters da METI, que diz que nossas transmissões por radar e TV já estariam anunciando nossa presença no universo há muitos anos. No entanto, o contra-contra--argumento é que, na verdade, essas emissões são muito fracas. Se os aliens já não soubessem onde nos procurar, provavelmente passariam batido pela gente.

No fim, ficamos com a importantíssima pergunta de quem está devorando quem. Devemos nos esconder ou esperar que qualquer ser que consiga cruzar as estrelas se torne um agente da paz? Se *eles* forem como nós, é melhor ficarmos quietos, mas, seja qual for a escolha que fizermos, tomara que não seja a errada.

A era biológica será curta?

Acolhendo os soberanos robôs

Gosma.

Sem mais rodeios, é isso que a vida na Terra é. É claro que ela pode estar confinada numa casca espessa ou ter uma dura carapaça de tartaruga, mas em algum lugar aí no meio, mesmo se descermos até o nível das células, a vida é uma gosma. Como resultado, quando imaginamos vida alienígena, tende-se a enfatizar o fator gosmento — gosma pingando de presas (como na franquia *Alien*), gosma que nos domina e usa hóspedes humanos (*Venom*, da Marvel, e o romance *The Puppet Masters*, de Robert Heinlein), gosma que digere humanos (*A bolha assassina*). É gosma para todo lado.

E se a maioria dos aliens não for gosmenta? Quer dizer, e se a fase biológica da vida inteligente for relativamente curta? Talvez mesmo as espécies planetárias alfa abandonem esse tipo de corpo depois de transferir suas mentes para computadores baseados em silício, vivendo para sempre como entidades digitais.

A duração da era biológica para a vida inteligente é uma questão cada vez mais premente entre os astrobiólogos, dada a rápida expansão das tecnologias digitais. Nosso primeiro computador eletrônico, chamado ENIAC (Computador e Integrador Eletrônico Numérico, em inglês), foi construído em 1945 para lidar com os cálculos envolvidos na elaboração de armas nucleares. Seus circuitos eram feitos de fios de cobre e tubos de vidro a vácuo, e ele chegava a ocupar uma sala inteira. Hoje, nossos celulares têm milhões de vezes mais potência de computação do que o ENIAC. Esse aumento exponencial da velocidade de processamento foi igualado por um aumento também atordoante na capacidade dos softwares. O progresso da inteligência artificial já remodelou o mundo, e, com novos avanços como o ChatGPT, as coisas vão ficar ainda mais "remodeladas". A inteligência artificial opera os robôs autônomos que separam as compras que você faz na Amazon, e é ela que nos permite conversar com uma máquina global e virtual chamada Siri.

Esse rápido avanço das máquinas digitais na forma de computadores e robôs interconectados é o que catalisa o *movimento trans-humanista* e sua esperança na Singularidade. Para trans-humanistas como Ray Kurzweil, à medida que os computadores se tornam mais sofisticados, chegará um momento em que a máquina vai igualar nossa habilidade mental de projetar a próxima — e melhor — geração de máquinas. Assim que essas máquinas projetadas por outra máquina forem construídas, é o fim da linha para nós. Daí em diante, os computadores serão melhores em projetar computadores do que os próprios humanos. A consequência é um tipo de evolução descontrolada das máquinas, com a "inteligência" digital rapidamente superando a dos humanos. Esse descontrole é a tal Singularidade de que falam os trans-humanistas. Do lado de lá da Singularidade, os computadores se sofisticarão tanto que nós, humanos, seremos capazes de nos fundir com eles. Ao menos é isso que alegam. Todos nós seríamos capazes de transferir nós mesmos para uma versão nossa de silício. Viveríamos dentro de computadores como versões virtuais de nós mesmos. Além disso, dado que as máquinas podem ser consertadas ou atualizadas, nossa versão digital seria funcionalmente imortal. Viveríamos para sempre.

A visão trans-humanista pode ser ou inebriante ou aterrorizante, dependendo das suas inclinações. Não importa o que você acha dela: a mera ideia de que as espécies inteligentes que desenvolveram tecnologia possam em algum momento superar a necessidade de um corpo parece ao menos possível. Se *for mesmo* possível, não seria essa a rota tomada pelas espécies alienígenas mais longevas? A vida biológica é sempre uma luta constante para conservar corpos contra o massacre do tempo. Já que essa luta é sempre perdida, qual civilização *não* optaria por outra forma mais duradoura, que é aquela representada pela máquina? Mesmo se alguma espécie resolvesse não se transferir para uma máquina, você poderia argumentar que a evolução, por fim, a varreria da galáxia ou do cosmos. As versões de vida transferidas, fundidas às máquinas, seriam muito mais inteligentes e fortes do que seus primos feitos de gosma. Algum dia, apenas as versões de silício da vida persistiriam.

Há outra possibilidade talvez ainda mais assustadora (dependendo das suas inclinações, novamente). Talvez as máquinas não queiram nos receber. De *O exterminador do futuro* a *Matrix* e *Westworld*, a ficção científica está repleta de histórias de rebelião de robôs. Assim que uma espécie biologicamente baseada cria inteligência artificial, essas máquinas sensíveis talvez decidam que já estão fartas de tudo isso. Na melhor das hipóteses, elas podem abandonar seus criadores (nós, no caso) à própria sorte e partir rumo às estrelas. No pior cenário, as máquinas podem decidir que a extinção é um fim adequado a seus inferiores e gosmentos progenitores. Mesmo sem intenções hostis, as máquinas autorreplicadoras poderiam ser os motores da colonização galáctica. Os replicadores Von Neumann (batizados com o nome do matemático John von Neumann) seriam espaçonaves puramente conduzidas por IA (nada de gosma a bordo!), que pousariam em um sistema solar, retirariam dele todos os recursos para construir mais espaçonaves e partiriam.

Sejam ancestrais inteligências transferidas, sejam maléficos exterminadores robôs ou cegos replicadores Von Neumann, os argumentos que esboçamos levantam a radical possibilidade de que nossa busca por vida não encontrará vida alguma. Nossos corpos biológicos gosmentos talvez já estejam obsoletos no mercado cósmico das possibilidades. Se isso te incomoda, você ficará feliz de saber que há contra-argumentos à inevitável revolta dos robôs soberanos.

Em primeiro lugar, ainda não está claro que a IA algum dia vai alcançar o tipo de inteligência "geral" dotada de consciência como a que nós possuímos. Na Terra, neste exato momento, vemos avanços impressionantes na forma do *machine learning*. Trata-se de programas operados por IA que conseguem reconhecer rostos, jogar xadrez, criar imagens e até mesmo ter conversas limitadas (e às vezes medonhas) com humanos. Mas acontece que todas essas versões de IA são frágeis. Elas são treinadas para fazer coisas específicas. Basta pedir que façam algo diferente e elas fracassam redondamente. Os entusiastas dizem que é questão de tempo até termos uma IA capaz de fazer tudo o que pedirmos, assim como os humanos (isto é, uma IA com um tipo de inteligência geral, e não específica). Pode ser verdade, mas eles já dizem isso faz uns setenta anos. Mesmo os últimos sistemas de "IA generativa", como as diferentes versões do ChatGPT, estão longe de ter o tipo de mente que nós temos. Com todo esse poder, esses sistemas ainda não passam de máquinas de predição (muito potentes). Elas são alimentadas com quantidades absurdas de dados para fazer predições, com base em estatística, sobre determinadas perguntas — meio como a função de "autocompletar" do campo de pesquisa dos navegadores de internet, só que com anabolizantes. Apesar de todo esse poder, elas na verdade não *sabem* nada, porque não há ninguém *lá dentro* para saber qualquer coisa. Isso significa que é possível que nosso tipo de inteligência geral simplesmente não tenha como ser captado em forma de silício.

Uma crítica ainda mais severa é que a visão trans-humanista — segundo a qual é possível transferir você mesmo para um computador

— talvez não seja possível. A esse sonho (ou essa fantasia) trans-humanista subjaz a premissa filosófica de que os humanos não passam de computadores feitos de carne. Segundo os trans-humanistas, tudo o que nos torna o que somos — todas as nossas experiências interiores de amor, medo, esperança, compaixão — é mera fiação elétrica. Contudo, há muitos cientistas e filósofos que pensam que essa ideia está muito, muito errada. Embora possuir uma consciência certamente envolva ter um circuito neural em um cérebro, também envolve muito mais do que isso. Esse "mais" inclui estar em um corpo que é parte dos ecossistemas natural e social. Desse ponto de vista, toda a história de "transferir você mesmo para um computador" ignora por completo o que significa ser um *eu*.

Por fim, também existe a possibilidade, sugerida pelo astrobiólogo Caleb Scharf, de que a passagem para o silício não será permanente. Scharf enfatiza que a evolução biológica é muito boa em resolver problemas; portanto, mesmo que uma espécie tome o rumo da maquinização, algum dia optará por voltar para a biologia após alguns bilhões de anos. Pense em todos os zilhões de incríveis cálculos químicos acontecendo em suas células neste momento, mantendo você vivo. No fim das contas, a biologia pode ser melhor em determinados tipos de coisas. Se esse for o caso, então a vida como máquina seria uma adolescência — uma fase pela qual a maioria das formas de inteligência interestelar passaria (com sorte, sem as repentinas mudanças de humor).

Como você pode ver, no momento essas perguntas ainda estão muito cruas. Há bons argumentos para esperar robôs alienígenas soberanos, e há boas razões para que a inteligência continue sendo gosmenta. No fim, como em muitas das coisas relativas aos aliens, não saberemos até ver, e estamos finalmente *vendo*.

Aliens ancestrais

Como pensar as civilizações de 1 milhão de anos

O que acontece com civilizações muito, muito antigas? Essa é uma das perguntas mais difíceis e importantes que confrontam a ciência da Astrobiologia e das tecnoassinaturas. Podemos não ser capazes de procurar efetivamente por vida inteligente no universo se não soubermos como se comportam inteligências muito antigas. Não saberemos o que procurar. Também é uma pergunta que impacta diretamente nosso próprio destino. O que acontece se superarmos a mudança climática, se superarmos as ameaças de guerra nuclear, se descobrirmos como criar IAs sem que elas matem todos nós e nos transformem em pilhas? Como estão nossas chances de longuíssimo prazo? O que nossa civilização, ou qualquer outra, pode se tornar, se tiver tempo o bastante?

Para preparar o palco, vamos lembrar que a humanidade, enquanto civilização tecnológica, só tem cerca de cem anos de idade. Ou seja, faz apenas cerca de um século que passamos a deixar tecnoassinaturas que os aliens são capazes de detectar — sinais de rádio, luzes de nossas cidades, a poluição atmosférica. É claro que temos agricultura já faz ao menos 9 mil anos, e muito antes disso éramos caçadores-coletores. Cada uma dessas formas de organização social era complexa, rica e variada. No entanto, a Roma antiga ou a dinastia Tang na China não são o tipo de civilização que temos em mente quando falamos sobre a busca por vida inteligente extraterrestre e por tecnoassinaturas. Só faz um século que somos uma espécie radiotecnológica, o que não é muito se comparado à idade do universo. Nossa relativa juventude tem consequências importantes para a busca por aliens.

Em 2020, David Kipping, Caleb Scharf e eu trabalhamos com as probabilidades referentes à idade das civilizações alienígenas que poderíamos vir a encontrar. Para ser franco, foi Kipping, um astrofísico teórico muito esperto, que fez o kung fu matemático. Scharf e eu o instigamos, depois conferimos os cálculos e fornecemos ideias adicionais. Eis a pergunta que queríamos responder: Devemos esperar descobrir civilizações alienígenas mais jovens, mais velhas ou da mesma idade que a nossa? A resposta, obtida por meio de um raciocínio probabilístico razoavelmente sofisticado, foi: mais velhas. Provavelmente *muito* mais velhas.

Se nossos cálculos estiverem certos, quando encontrarmos aliens, já estarão no jogo da civilização tecnológica há muito, muito tempo.

Enquanto ficamos brincando de construir jatos, cidades movidas a eletricidade, radiotransmissores e até mesmo espaçonaves toscas durante um século, eles terão sido civilizações já há milhões ou até mesmo bilhões de anos. Essa conclusão é interessante por si só, mas acabou por levantar uma pergunta muito mais grave e bizarra.

Como se parece uma civilização de milhões ou bilhões de anos? O que acontece com ela depois de intervalos de tempo tão imensos?

As civilizações mais longevas da Terra, como os egípcios e as dinastias chinesas, duraram por apenas algumas centenas de anos. Uma civilização alienígena de 10 milhões de anos seria cerca de 10 mil vezes mais velha do que as sociedades que mais viveram entre nós. Que formas de organização as criaturas inteligentes são capazes de criar depois de circular por aí durante tanto tempo? Como é possível pensar em civilizações atravessando porções tão grandes da História? E o mais importante: será que *alguém* sobrevive a tudo isso?

Para sermos específicos, vamos formular uma pergunta específica. Uma civilização de 10 milhões de anos de idade seria uma única entidade contínua, ou surgiria e sumiria inúmeras vezes durante essas eras?

Mais impressionante ainda do que a continuidade da civilização é a continuidade dos construtores dessa civilização. Em que medida teriam mudado após 10 milhões de anos? Se eles passaram de gosma a silício, isso significaria que a sociedade, suas ambições e suas ações mudaram fundamentalmente? Teriam eles desistido de se expandir, ou conquistaram a galáxia em nome dos computadores? Mesmo que não façam a passagem para a forma de máquinas, 10 milhões de anos é tempo suficiente para a evolução darwiniana alterar significativamente a biologia de nossos aliens. Dez milhões de anos atrás, éramos criaturinhas peludas parecidas com orangotangos. Agora olhe só para nós! Claramente muita coisa pode acontecer em 10 milhões de anos.

Além da evolução natural, poderíamos esperar que nossos aliens empreguem alguma versão de engenharia genética para esculpir seus corpos e suas mentes durante as eras? Nós mesmos provavelmente vamos fazer isso nos próximos séculos, então sabe-se lá em que forma os aliens terão se edificado. Talvez uma civilização de 10 milhões de anos se transforme em uma floresta do tamanho de um planeta, em que cada "árvore" seja um tipo de supercomputador biológico sensível e esteja conectada a outra. Então, o planeta em si se tornaria um ser quase imortal e pensante.

O exemplo da floresta planetária suscita outra possibilidade. Conforme uma civilização avança e suas habilidades tecnológicas aumentam, pode chegar o momento em que ela se une às leis da Física. A ideia de que uma raça verdadeiramente ancestral e avançada possa algum dia se transformar em energia pura apareceu em muitas obras de ficção científica (*Star Trek* abordou o tema muitas vezes). Aqui vamos mais além, imaginando que os aliens acabam por se emaranhar ao próprio tecido da realidade. Assista a *Interestelar* para ter um exemplo desse tipo de ideia, uma história em que nossos "eus" do futuro distante manipularam o espaço-tempo para permitir que os "eus" do presente evitassem a extinção. É legal e confuso ao mesmo tempo.

Refletir sobre civilizações verdadeiramente ancestrais é tão empolgante quanto frustrante. Por um lado, as possibilidades são tão grandes que parece que estamos olhando para o fundo de um penhasco de quilômetros de altura. A vertigem certamente é uma resposta adequada ao tentar imaginar uma evolução de 1 milhão de anos. Por outro lado, parece quase impossível dizer qualquer coisa sobre civilizações ancestrais que não passe de ficção. Há muitas incertezas, e quase nenhuma delas tem o tipo de amarra que a ciência pode fornecer para guiar nosso pensamento. Por exemplo, a tecnologia pode tornar nossos aliens ancestrais em deuses, ou talvez ela fique estagnada em um nível muito inferior. Para um desses exemplos, talvez a viagem interestelar rápida não seja possível.

Apesar das dificuldades, refletir sobre a evolução das civilizações a longo prazo é uma parte essencial dos estudos de tecnoassinaturas. Simplesmente não temos como evitar. Se estamos procurando por civilizações alienígenas e se elas são muito mais velhas do que nós, também teremos que descobrir como encontrar tecnoassinaturas de aliens ancestrais.

Por fim, há outra razão pela qual precisamos pensar sobre a evolução a longo prazo de civilizações alienígenas. Queremos nos tornar uma delas. Precisamos descobrir uma maneira de sobreviver. Podemos considerar que outras espécies já enfrentaram os riscos da guerra nuclear, da mudança climática ou sabe-se lá o que ainda nos espera. Podemos considerar que outros já tenham superado esses desafios. Dessa maneira, o trabalho astrobiológico de mapear as possíveis histórias duradouras de civilizações alienígenas também se torna um exercício de imaginar nosso próprio futuro possível. Talvez ninguém viva mais do que algumas centenas de anos. Isso seria péssimo. Ou talvez metade das espécies que chega a nossa idade continue vivendo por outros milhões de anos. Isso seria melhor.

Qual das opções vale? Quem sobrevive, e por quanto tempo? Quais são os atributos de uma espécie que *de fato* constrói uma civilização tecnológica longeva? Responder a essas perguntas pode ser o melhor dos motivos para procurar pela vida no cosmos.

8

POR QUE OS ALIENS IMPORTAM

É mais do que você imagina

Lá pelo fim dos anos 1970, quando tinha dezesseis anos, eu pegava o trem que passava pelo rio Hudson de Nova Jersey até Manhattan sempre que tinha a oportunidade. Nova York era uma gostosa bagunça naqueles dias, meio como um parque de diversões pós-apocalíptico. Havia o cheiro de urina no metrô pichado. As ruas ficavam tão apinhadas de lixo que formavam um caldo quando chovia, como David Letterman brincou uma vez. Para mim, era tudo uma grande aventura, desde tentar me infiltrar em clubes como o CBGB ou o Kenny's Castaways ou no festival praticamente ilegal e interminável que era o Washington Square Park. A esta altura você já deve saber, mas eu gosto mais de ciência do que da melhor das festas (não que alguém vá me convidar, de todo modo), então o ponto alto dessas viagens era sempre o planetário Hayden. Isso era no tempo pré-digital, quando o planetário era todo pintado com dioramas da superfície de Marte e tinha balanças mecânicas que informavam quanto você pesaria em Júpiter (204 quilos!). Passei horas a fio no Hayden pirando nos shows de estrelas e nas imagens enormes e brilhantes de nuvens interestelares. Não vou mentir: uma vez eu chorei de alegria na frente da estátua de Albert Einstein.

Após cada uma dessas visitas, eu voltava à realidade da Rua 81 Oeste com a cabeça latejando. Seguia para o Central Park, onde perambulava por horas, deixando o ruído e o alvoroço me conduzir ao mesmo borrão de perguntas, vezes sem conta.

Todas aquelas estrelas. Todas aquelas possibilidades. Isso estará acontecendo em algum outro lugar? Há outras cidades em outros mundos repletos de outros como eu levando suas vidas?

Em uma retrospectiva de todas essas décadas, é incrível quanto mudou no que diz respeito a essas perguntas. Espero que este livro tenha dado a você uma noção do abismo que há entre o passado e o presente. Lá atrás, o Hayden não tinha exposições sobre o censo de exoplanetas, porque ninguém nem mesmo sabia que os exoplanetas existiam. Não havia dioramas com a paisagem de uma super-Terra, porque ninguém imaginava que existissem super-Terras. No Hayden você também não encontraria uma grande seção dedicada a encontrar bio ou tecnoassinaturas, porque esses termos não tinham sido inventados ainda.

Então, é verdade, muita coisa mudou. A busca por aliens agora é uma realidade, e a ciência está vindo com tudo.

Contudo, todo esse progresso ainda nos deixa uma pergunta pendente. Por que isso importa? O que vai mudar se encontrarmos vida alienígena? Será uma revolução para o entendimento humano, como quando percebemos que a Terra não era plana ou que não éramos o centro do universo? Ou será notícia durante uma semana e depois todos vão voltar às redes sociais para curtir uma boa dose de desabafo político e vídeos de dancinhas?

Algumas pessoas respondem a essa pergunta dizendo que depende do que vamos encontrar. Segundo elas, a descoberta de bactérias em Marte não terá tanta importância quanto a descoberta de que os UAPs são de fato visitantes alienígenas. Mas, depois de tudo o que aprendemos, quero que você pense o que significaria, para nós, encontrar até mesmo as formas mais simples de vida.

O mais estranho de sermos seres humanos no início do século XXI é que sabemos muito, porém ainda estamos completamente perdidos. Quando se trata da mera indagação de quem somos e o que deveríamos estar fazendo, todo o nosso conhecimento apenas adensa a escuridão em que nos achamos. Pela primeira vez na História, sabemos como o universo é vasto e como ele é rico em planetas e possibilidades. Contudo, ainda não sabemos se nós — e por "nós" quero dizer todas as formas de vida no planeta Terra — somos os únicos. Ainda não sabemos se somos um acidente cósmico que aconteceu uma vez e apenas aqui, para nunca mais acontecer de novo.

Aí é que está. Se tivéssemos ao menos *um* outro exemplo de formação de vida, se tivéssemos ao menos *uma* outra ocasião em que um bando de elementos químicos não vivos se transformou num organismo vivo, saberíamos que não somos um acidente maluco. Saberíamos que ela, a vida, aconteceu duas vezes. E, se foi capaz de acontecer duas vezes, poderia acontecer três — ou trinta, ou 30 mil, ou 30 bilhões de vezes.

Ter ao menos mais um exemplo de vida escancararia a porta das possibilidades cósmicas, porque a vida é *diferente*. A vida não é como nenhum outro sistema físico no universo, porque a vida *cria*. Me conte tudo o que há para saber sobre alguma estrela lá fora, e posso te dizer como será o futuro dela. Uma estrela jamais vai me surpreender, porque seu comportamento (e seu futuro) está regido pelas leis da Física. A vida certamente é governada pelas leis da Física, mas é mais do que isso. A vida é um sistema complexo ao qual as leis da Biologia (isto é, a evolução) também se aplicam. Isso significa que a vida surpreende. A vida inventa. A vida vai além de si mesma.

Vimos como a vida na Terra pegou carona no planeta e como sua capacidade de se espalhar e inventar mudou a história deste mundo inteiro. Com base nisso, não posso deixar de me perguntar até onde os poderes inventivos da vida poderão chegar, causando a mudança do universo. Vimos, por meio do paradoxo de Fermi, que mesmo uma única espécie viajante seria capaz de colonizar toda a galáxia em um curto período. Ao conferir a escala de Kardashev, vimos que as civilizações de tipo 3 são capazes de coletar a energia de galáxias inteiras. Quando perguntamos sobre civilizações muito antigas, imaginamos se elas não seriam capazes de alterar as leis da Física. Talvez nosso universo em si seja um efeito colateral de um experimento ou jogo, com que alguma espécie superavançada andou brincando. Talvez a vida, à medida que evolui, cria e inventa, mude o universo tanto quanto já mudou a Terra.

Não sabemos — *não temos* como saber — do que a vida é capaz. Como Ian Malcolm (o personagem de Jeff Goldblum) disse no primeiro *Jurassic Park*: "A vida dá um jeito". Em uma escala cósmica, agora podemos começar a perguntar: "Dá um jeito de fazer o quê?". A resposta poderia ser: "Qualquer coisa ou todas as coisas". Se encontrarmos lá fora ao menos um outro exemplo de vida, o "espaço" do que pode vir a acontecer imediatamente explode. Tudo — ou seja, o universo inteiro e nosso lugar nele — imediatamente fica mais interessante.

Por isso a detecção de uma bioassinatura seria um divisor de águas. No entanto, encontrar evidência de uma civilização alienígena nos levaria a outro nível. Há algumas maneiras pelas quais podemos provar por que um tipo de descoberta como essa seria importante. Em primeiro lugar, há o simples fato de que essa detecção nos mostraria que aquilo que ocorreu aqui, em termos evolutivos — de microrganismos a espécies tecnológicas complexas —, se deu também em outro lugar. Um monte de questões viria a reboque de tamanha descoberta, e cada uma delas teria o poder de remodelar o que sabemos sobre nós mesmos. As criaturas que construíram essa civilização alienígena são sociais da mesma maneira que nós somos? Como é que elas se organizam? Possuem uma mente de colmeia, ou formam coletivos feitos de indivíduos, como nós? Elas usam símbolos e processam informação do mesmo jeito que nós? Que tipo de tecnologias usam? Somos capazes de identificar os princípios sobre os quais suas tecnologias são erigidas? Podemos aprender o suficiente sobre sua tecnologia a distância para obter um conhecimento que seja útil para nós neste exato instante?

Acima de tudo, entretanto, a importância da descoberta de uma civilização em um exoplaneta é que ela seria apenas o começo. Se encontrarmos um planeta com tecnoassinaturas, sairíamos correndo para construir telescópios maiores, melhores e mais avançados. Nos anos seguintes, iríamos — perdoe meu linguajar — estudar o mundo dessa civilização até o talo.

Também teríamos que decidir se faríamos contato. Deveríamos começar com uma conversa lenta? Lembre-se: se eles estivessem a cinquenta anos-luz, cada vaivém representaria um ciclo de cem anos. Por outro lado, talvez pensássemos melhor antes de colocar uma ficha (para o jovem leitor, isso significa fazer um telefonema). Talvez decidíssemos que a melhor jogada seria só ficar observando. Em algum momento, poderíamos até enviar sondas robóticas através das estrelas para nos fornecer uma visão melhor, e, ao fazê-lo, as sondas seriam os UFOs dos aliens.

Sem dúvida, a humanidade nunca mais seria a mesma depois de descobrir uma civilização alienígena. Isso não significa que necessariamente passaríamos a agir diferente, tipo ser mais gentis uns com os outros. (Quem dera.) Mas, a longo prazo, as perguntas levantadas por uma descoberta dessa magnitude poderiam mudar nossas religiões (Jesus veio para salvar os aliens também?), nossa ética (nossos estimados valores são universais ou apenas provincianos?) e nossa arte (como representar a nós mesmos nos livros, nos filmes e nas canções sabendo que há outros tão diferentes de nós?).

A descoberta de outras civilizações importa também por outro motivo fundamental: ela pode nos mostrar nosso próprio futuro. Essa é outra coisa estranha no fato de sermos seres humanos no início do século XXI. Não temos certeza de que haverá um século XXII.

Nos últimos cem anos, desenvolvemos extraordinárias e poderosas tecnologias que remodelaram o planeta e a sociedade. Agora, muitas dessas tecnologias parecem fadadas a nos aniquilar. Seja a mudança climática (nossa tecnologia de coleta de energia), seja a inteligência artificial (nossa tecnologia de processamento de informação) ou a boa e velha guerra nuclear (nossa tecnologia militar), não sabemos afirmar quanto tempo tudo isso ainda vai durar. Não acho que nenhuma dessas ameaças levará à extinção dos humanos. Seria um exagero. No entanto, cada uma delas detém a possibilidade de tirar as coisas dos trilhos, o suficiente para derrubar a civilização global tecnológica da qual todos dependemos para viver — você sabe como é. É aí que entram os aliens.

Encontrar ao menos uma outra civilização nos mostraria que é possível chegar lá. Na atual conjuntura, não sabemos se o universo de fato "produz" civilizações de alta tecnologia, de longo prazo e sustentáveis. Sabemos que o universo produz estrelas. Sabemos que produz cometas e buracos negros. Vimos muitas dessas coisas. Mas é totalmente possível que nenhuma outra civilização no cosmos consiga passar perto de onde estamos sem antes dar com os burros n'água. A descoberta de outra civilização seria o que os matemáticos chamam de prova de existência. Ela nos mostraria que tal coisa — o tipo de civilização que precisamos nos tornar — pode existir. Isso seria um grande alívio; nos daria muita esperança. Além disso, ao estudar esse mundo e essa civilização, poderíamos obter pistas sobre o que é necessário para termos uma civilização de alta tecnologia, de longo prazo e sustentável. Poderíamos entender alguma coisa sobre como um planeta e uma sociedade trabalham juntos para permitir que tanto a biosfera quanto a tecnosfera sobrevivam.

Por fim, se os UFOs acabarem se revelando espaçonaves alienígenas, bem, então... hum... ora... *Santo Deus*! Nem precisa me dizer por que essa descoberta seria importante. Em suma, significaria que: a) existe vida em outros mundos; b) existem civilizações em outros mundos; e c) eles estão aqui, e vão nos devorar, nos matar, nos ensinar ou copular conosco.

É preciso fazer um adendo ao "santo Deus". Imagine que a gente consiga provas conclusivas de que os UFOs se movimentam de maneira que nenhuma tecnologia humana seria capaz de produzir, mas só. E se isso for tudo? Eles ainda não pousariam em Paris e desceriam de suas espaçonaves. Ainda não se misturariam entre nós por tempo o bastante para darmos uma boa olhada neles. Nesse caso, teríamos que continuar fazendo ciência sobre eles, da mesma forma como faríamos com qualquer outro fenômeno de difícil observação. Então, seria boa ideia tentar capturar um deles? Deveríamos tentar abatê-los? Mesmo se tivéssemos provas de que, de certa forma, eles são alienígenas, talvez nunca venhamos a fazer contato. Isso não diminuiria a importância da descoberta, no entanto. Mesmo sem um contato direto entre humanos e aliens, teríamos provado que algo não humano estaria povoando nosso céu. Esse conhecimento nos faria tomar a estrada para mais perguntas e mais ciência sobre essa questão. É mais ou menos como funciona qualquer cenário associado a aliens. Cada pergunta leva à próxima e à que vem depois. É isso o que torna tudo tão empolgante.

Encontrar aliens seria o maior feito científico de todos os tempos e, como toda grande descoberta científica, mudaria para sempre o curso da história humana. É por isso que o progresso que fizemos na direção de responder a esse mistério antigo importa. É por isso que importa o fato de que estamos em pé nesta praia, aprontando nossos barcos para serem empurrados ao mar a fim de começar esta grande viagem. Você, eu e toda pessoa viva hoje, nós somos os sortudos. Todos carregamos as perguntas que nossos ancestrais fizeram sobre a vida e sobre o universo, mas só nós conseguiremos estar lá quando surgirem as respostas.

Chega de espera. Chega de papo. Agora é o momento de descobrir por nossa própria conta.

Vamos lá!

AGRADECIMENTOS

Foi muito divertido escrever este livro, e sou muito grato a todas as pessoas que me ajudaram na jornada. Antes de dizer quem são essas pessoas e como elas são incríveis, primeiro preciso falar que, embora eu tenha trabalhado duro para acertar todos os detalhes, quaisquer erros que tenham passado batido são inteiramente de minha responsabilidade.

Agora, vamos à parte da gratidão. Em primeiro lugar, agradeço ao meu amigo, que acontece de também ser meu agente, Howard Yoon. A ideia deste livro foi uma colaboração nossa. Eu sabia que queria escrever alguma coisa que fizesse o leitor saber quanto mudou na busca por vida no cosmos, mas Howard soube como ampliar o escopo. Os capítulos sobre a tecnologia dos UFOs foram ideia dele, e serviram de combustível para eu pensar e escrever sobre o assunto. Obrigado, Howard.

Em seguida, quero apresentar Sarah Haugen, minha editora na HarperCollins. A sacada de Sarah levou a ideia do livro a outro patamar, me dando espaço para explorar diferentes direções durante a escrita. Sua edição foi certeira e fundamental. Permitiu que eu usasse a voz que me deixa mais confortável e, ao mesmo tempo, impediu que a narrativa resvalasse em especificidades científicas ou pessoais. Sou profundamente grato ao seu apoio e ao seu trabalho. Obrigado, Sarah.

Tive um monte de leitores que espiaram as primeiras versões do livro e forneceram ajustes. Agradeço muito ao tempo que dedicaram e aos seus insights. Morgan Ryan começou como minha checadora de fatos e depois se tornou uma espécie de anjo protetor também no que diz respeito ao estilo. Nossas conversas iam da estrutura da proteína a curiosidades sobre Led Zeppelin, e foram todas divertidas. Dani Buchheister, um sagaz graduando em Astrobiologia na Universidade Penn State, também foi de grande ajuda. Pedi à maravilhosa autora Sarah Scoles que desse uma olhada nos capítulos sobre UFOs e UAPs, e sua expertise foi muito bem-vinda. Agradeço a Jonathan Sherwood, talentoso escritor de ficção científica, por seus insights. Também sou muito grato aos irmãos Quane pelo apoio ao longo do projeto, incluindo meu parceiro de "crime" no game *The Division 2*, Jack Baumgartner, por ter feito uma leitura antecipada. Meu grande amigo Thad Spencer não só leu o manuscrito como foi inestimável no conceito da capa original. Essas discussões nos levaram a ótimas decisões quanto ao propósito do design e da ilustração.

Devo um agradecimento especial aos membros da nossa equipe da Nasa, Categorizing Atmospheric Technosignatures (CATs). Muitos deles aparecem no livro de um jeito ou de outro. Nosso trabalho conjunto nos últimos anos tem sido uma alegria e grande fonte de inspiração. A equipe inclui meus co-investigadores Jacob Haqq-Misra, Ravi Kopparapu, Manasvi Lingam, Sofia Sheikh e Jason Wright, ao lado de estudantes supertalentosos como Macy Huston, Nick Tusay e Connor Martini. Busquei os conselhos de Jacob e Ravi muitas vezes, e eles fizeram a gentileza de ler as primeiras versões dos capítulos. Jason é minha enciclopédia para tudo que diz respeito à SETI, tanto em termos de história como de ciência contemporânea.

Da Universidade de Rochester também quero agradecer a Peter Iglinsky e Lindsey Valich por toda a ajuda para espalhar a palavra da Astrobiologia. Também sou grato a Michael Osadciw por suas incríveis ideias para a capa original do livro.

Por fim, agradeço a Woody Sullivan, Dan Watson, Eric Blackman, Jonathan Carrol-Nellenback, Gavin Schmidt, David Kipping, Caleb Scharf, Gourab Ghoshul, Marcelo Gleiser, Evan Thompson, John Dunne, Joan Halifax, Amedeo Balbi, Sarah Walker, David Grinspoon e Damian Sokwinski pelas melhores conversas possíveis. Também agradeço a meus amigos de longa data Robert Pincus e Paul Green, que felizmente são céticos a respeito de meus devaneios e sempre debatem comigo sobre qualquer coisa que seja — ou me fazem rir.

Como todos sabemos pela franquia *Velozes e furiosos*, no fim, tudo se resume à família. Portanto, Harrison, Sadie e Myani, Elisabeth e Hendrick, Leon… Obrigado. Sem vocês, eu estaria perdido.

E então, para todo o sempre, minha amada Alana.

NOTAS

1. Como chegamos aqui?

1 Um relato da discussão entre Fermi e seus amigos pode ser lido no artigo de Eric M. Jones, "'Where Is Everybody': An Account of Fermi's Question" (Los Alamos National Laboratory, mar. 1985), https://www.osti.gov/biblio/5746675.

2 Megan Garber, "The Man Who Introduced the World to Flying Saucers," *Atlantic*, 15 jun. 2014, https://www.theatlantic.com/technology/archive/2014/06/the-man-who-introduced-the-world-to-flying-saucers/372732/.

3 Russell Lee, "1947: Year of the Flying Saucer," National Air and Space Museum, Smithsonian Institution, 24 jun. 2022, https://airandspace.si.edu/stories/editorial/1947-year-flying-saucer.

4 Donovan Webster, "In 1947, A High-Altitude Balloon Crash Landed in Roswell. The Aliens Never Left," *Smithsonian Magazine*, 5 jul. 2017, https://www.smithsonianmag.com/smithsonian-institution/in-1947-high-altitude-balloon-crash-landed-roswell-aliens-never-left-180963917.

5 Kal K. Korff, "What Really Happened at Roswell," *Skeptical Inquirer*, v. 21, n. 4, jul.-ago. 1997, https://skepticalinquirer.org/1997/07/what-really-happened-at-roswell.

6 Edward J. Ruppelt, *The Report on Unidentified Flying Objects* (Nova York: Doubleday, 1956). Ver cap. 2. Ver ainda: "Estimate of the Situation," especialmente a nota 9, https://military-history.fandom.com/wiki/Estimate_of_the_Situation#cite_note-9.

7 Sarah Scoles, *They Are Already Here: UFO Culture and Why We See Saucers* (Nova York: Pegasus Books, 2020), p. 69.

8 *Report of Meeting of Scientific Advisory Panel on Unidentified Flying Objects Convened by Office of Scientific Intelligence*, CIA, 14-18 jan. 1953, The Black Vault, https://documents.theblackvault.com/documents/ufos/robertsonpanelreport.pdf.

9 Scoles, *They Are Already Here*, p. 74.

10 Scoles, *They Are Already Here*, p. 78; "Project Blue Book — Unidentified Flying Objects," National Archives, https://www.archives.gov/research/military/air-force/ufos.

2. Então, como fazemos?

1 Keith Cowing, "Independent Review of the Community Report from the Biosignature Standards of Evidence Workshop," press release, National Academies of Science,

3 out. 2022, https://astrobiology.com/2022/10/independent-review-of-the-community-report-from-the-biosignature-standards-of-evidence-workshop.html.

2 Su-Shu Huang, "The Problem of Life in the Universe and the Mode of Star Formation," *Publications of the Astronomical Society of the Pacific* 71, n. 422 (out. 1959), p. 421-24.

3 Hannah Ritchie e Max Roser, "Energy Production and Consumption," Our World in Data, https://ourworldindata.org/energy-production-consumption.

4 Jason T. Wright, "Dyson Spheres," *Serbian Astronomical Journal* 200 (2020): p. 1-18, https://arxiv.org/abs/2006.16734.

5 Jonathan H. Jiang et al., "Avoiding the Great Filter: Predicting the Timeline for Humanity to Reach Kardashev Type I Civilization," *Galaxies* 10, n. 3 (maio 2022), p. 68, https://arxiv.org/pdf/2204.07070.pdf.

3. Que B* são UFOs e UAPs?

1 Stephen J. Garber, "Searching for Good Science: The Cancellation of NASA's SETI Program," *Journal of the British Interplanetary Society* 52 (1999), p. 3-12, https://history.nasa.gov/garber.pdf; Daniel Oberhaus, "A Brief History of Scientists Searching for Extraterrestrial Life," *Motherboard*, Vice, 4 dez. 2015, https://www.vice.com/en/article/jmaawd/a-brief-history-of-scientists-searching-for-extraterrestrial-life-124.

2 A história do boato foi coberta por vários veículos, como "How an Alien Autopsy Hoax Captured the World's Imagination for a Decade," *Time*, 24 jun. 2016, https://time.com/4376871/alien-autopsy-hoax-history/; e Neil Morris, "The Alien Autopsy… Oh, No, Not Again!," Personal Pages, University of Manchester.

3 "UFO Encounter 1: Sample Case Selected by the UFO Subcommittee of the AIAA," *Astronautics and Aeronautics*, jul. 1971, http://kirkmcd.princeton.edu/JEMcDonald/mcdonald_aa_9_7_66_71.pdf.

4 James E. McDonald, "Science in Default: Twenty-Two Years in Inadequate UFO Investigations" (General Symposium, Unidentified Flying Objects, American Association for the Advancement of Science, 134th Meeting, 27 dez. 1969), http://kirkmcd.princeton.edu/JEMcDonald/mcdonald_aaas_69.pdf.

5 Helene Cooper, Ralph Blumenthal e Leslie Kean, "Glowing Auras and 'Black Money': The Pentagon's Mysterious U.F.O. Program," *New York Times*, 16 dez. 2017, https://www.nytimes.com/2017/12/16/us/politics/pentagon-program-ufo-harry-reid.html.

6 ABC News, "Pentagon Declassifies Navy 'UFO' Videos," 27 abr. 2020, https://www.youtube.com/watch?v=lWLZgnmRDs4; https://www.youtube.com/watch?v=2TumprpOwHY.

7 Bill Whitaker, "UFOs Regularly Spotted in Restricted U.S. Airspace, Report on the Phenomena Due Next Month," *60 Minutes*, CBS News, https://www.cbsnews.com/news/ufo-military-intelligence-60-minutes-2021-05-16.

8 Keith Kloor, "The Media Loves This UFO Expert Who Says He Worked for an Obscure Pentagon Program: Did He?," *Intercept*, https://theintercept.com/2019/06/01/ufo-unidentified-history-channel-luis-elizondo-pentagon.

9 Scoles, *They Are Already Here*.

10 Bryan Bender, "Ex-Official Who Revealed UFO Project Accuses Pentagon of 'Disinformation' Campaign," *Politico*, 2 maio 2021, https://www.politico.com/news/2021/05/26/ufo-whistleblower-ig-complaint-pentagon-491098.

11 Mick West, "I Study UFOs, and I Don't Believe the Alien Hype: Here's Why," *Guardian*,

https://www.theguardian.com/commentisfree/2021/jun/11/i-study-ufos-and-i-dont-believe-the-alien-hype-heres-why.

12 *Preliminary Assessment: Unidentified Aerial Phenomena*, Office of the Director of National Intelligence, 25 jun. 2021, https://www.dni.gov/files/ODNI/documents/assessments/Prelimary-Assessment-UAP-20210625.pdf.

13 Keith Kloor, "Pentagon UFO Study Led by Researcher Who Believes in the Supernatural," *Science*, 29 jun. 2022, https://www.science.org/content/article/pentagon-ufo-study-led-researcher-who-believes-supernatural.

4. E se *forem* alienígenas?

1 Algumas dessas ideias apareceram primeiro em minha coluna "If UFOs Are Alien Spaceships, How Did They Get Here?," *Big Think*, 11 nov. 2021, https://bigthink.com/13-8/ufo-light-speed.

2 David G. Messerschmitt, Philip Lubin e Ian Morrison, "Optimal Mass and Speed for Interstellar Flyby with Directed-Energy Propulsion," 27 jun. 2022, arXiv, https://arxiv.org/abs/2206.13929.

3 Dennis Overbye, "Reaching for the Stars, Across 4.24 Light-Years: A Visionary Project Aims for Alpha Centauri, a Star 4.37 Light-Years Away," *New York Times*, 12 abr. 2016.

5. Apelo do guia cósmico?

1 Verbete "Comets", Universidade Vanderbilt, https://www.vanderbilt.edu/AnS/physics/astrocourses/ast201/comets.html; Daisy Dobrijevic e Charles Q. Choi, "Comets: Everything You Need to Know About the 'Dirty Snowballs' of Space," atualizado pela última vez em 18 jan. 2023, Space.com, https://www.space.com/comets.html.

6. A tocaia cósmica

1 Agora, o foco se encontra principalmente na missão TESS, que assumiu depois que Kepler terminou sua operação. TESS significa "Transiting Exoplanet Survey Satellite" [Satélite de Pesquisa de Exoplanetas em Trânsito]. Ver: "Planet Hunters TESS," Zooniverse, https://www.zooniverse.org/projects/nora-dot-eisner/planet-hunters-tess.

2 Thomas G. Beatty, "The Detectability of Nightside City Lights on Exoplanets," *Monthly Notices of the Royal Astronomical Society 000* (prévia, 21 fev. 2022), p. 1-12, https://arxiv.org/pdf/2105.09990.pdf.

3 Svetlana V. Berdyugina e Jeff R. Kuhn, 2019, "Surface Imaging of Proxima b and Other Exoplanets: Albedo Maps, Biosignatures, and Technosignatures," *Astronomical Journal* 158 (25 nov. 2019), p. 246.

4 Manasvi Lingam e Abraham Loeb, "Natural and Artificial Spectral Edges in Exoplanets," *Monthly Notices of the Royal Astronomical Society: Letters* 470, n. 1 (set. 2017), p. L82-L86, https://doi.org/10.1093/mnrasl/slx084.

7. Os aliens também "fazem"?

1 Richard E. Lenski, "Convergence and Divergence in a Long-Term Experiment with Bacteria," *American Naturalist* 190, n. S1 (ago. 2017), https://www.journals.uchicago.edu/doi/full/10.1086/691209.

SUGESTÕES DE LEITURA

Para o público geral

Phillip Ball, *The Book of Minds*
Martin Beech, *Terraforming*
Lee Billings, *Five Billion Years of Solitude*
A. Allsuch Boardman, *An Illustrated History of UFOs*
Milan M. Ćirković, *The Great Silence: Science and Philosophy of Fermi's Paradox*
Paul Davis, *The Eerie Silence*
Steven J. Dick, *Astrobiolology, Discovery and Societal Impact*
Steven J. Dick, *Plurality of Worlds: The Extraterrestrial Debate from Democritus to Kant*
Donald Goldsmith, *Exoplanets*
David Grinspoon, *Earth in Human Hands*
Kevin Hand, *Alien Oceans*
Arik Kershenbaum, *The Zoologist's Guide to the Galaxy*
Kal K. Korff, *The Rosewell UFO Crash*
Simon Conway Morris, *From Extraterrestrials to Animal Minds*
Kart T. Pflock, *Rosewell*
Mark Pilkington, *Mirage Men*
Dirk Schulze-Makuch e William Bains, *The Cosmic Zoo*
Sarah Scoles, *They Are Already Here: UFO Culture and Why We See Saucers*
Peter Ward e Donald Brownlee, *Rare Earth*
Steven Webb, *Where Is Everybody: 75 Solutions to the Fermi Paradox*

Para leitores avançados

Manasvi Lingham e Avi Loeb, *Life in the Cosmos*
Douglas A. Vakoch e Maureen Dowd, *The Drake Equation: Estimating the Prevalence of Extraterrestrial Life Through the Ages*